QNAP®
実践活用ガイドブック

井上正和 著

クラウド時代の
ネットワークストレージ活用術

技術評論社

注意事項

・本書に記載された情報によって起因したトラブルや損失、損害に対しては、株式会社リーンテックおよび技術評論社は一切の責任を負いません。本書に記載されている情報の利用は各自の自己責任にて行ってください。

■著作権
・本書のすべての著作権は、株式会社リーンテックに帰属します。株式会社リーンテックの書面による許可なくして、本書の一部または全部を複製することはできません。

■商標
・QNAPは、QNAP (Quality Network Appliance Provider) Systems, Inc.の登録商標です。
・Microsoft、Windows、Windows Vista、DirectXは、米国Microsoft Corporation.の米国およびその他の国における登録商標です。
・Windows XP、Windows Vista 、Windows 7 は、米国Microsoft Corporation.の商品名称です。
・Mac OSは、米国および他の国々で登録されたApple Inc. の商標です。
・iPad、iPhone、iPod touch、iTunes、Safari、Bonjour は、Apple Inc. の米国およびその他の国における登録商標です。
・iOSの商標は、Ciscoの米国およびその他の国のライセンスに基づき使用されています。
・iPhoneの商標は、アイホン株式会社のライセンスに基づき使用されています。
・Linuxは、Linus Torvalds 氏の登録商標です。
・Amazon Web Services、AWSは、米国その他の諸国における、Amazon.com, Inc.またはその関連会社の商標です。
・その他記載の会社名、製品名は、それぞれの会社の商標もしくは登録商標です。
・本文中では™、®、©マークの表記を省略しています。

■免責
・本書の内容について、株式会社リーンテックおよび技術評論社は、責任を負わないものとします。
・本書に記載されている製品の機能、仕様、性能、システム要件などは、予告なしに変更されることがあります。

はじめに

　クラウドサービスが全盛となった昨今、代表的なAmazonのAWS（アマゾンウェブサービス）やマイクロソフトのクラウドサービスAzure（アジュール）などの普及により、企業システムの重要なインフラ構築は大きな変革期を迎えようとしています。中小企業でも順次クラウドサービスへのシステム移行が始まったことで、社内に設置されていた旧サーバシステムの見直しが始まっています。このようなクラウド時代におけるIT部門の課題は、社内で稼働中のサーバシステムのどの部分からクラウドに移行すればよいのか、あるいはどの部分を残して、どの部分から見直すべきなのか、といった選択肢が大きな課題といえます。

　さらに企業内のストレージシステムについても新たな課題に直面しています。従来、企業内で運用してきたWindows Serverによるファイル共有やNASによるネットワークストレージシステムの活用は、各種アプリケーションで使うさまざまな会計データや顧客情報などの構造化データに加え、オフィス文書や写真、スキャナデータなどの非構造化データなども含めたさまざまなデータが集約的にストレージシステムに保管されてきました。ところが最近では仮想サーバの普及により、サーバを丸ごとバックアップするスタイルが主流になったことで、イメージ化された大容量のデータ保管といった新たなニーズに加えて、BIやAI用といった分析用のデータ保管といった過去データの蓄積を目的とする新たなニーズも増えています。このような状況から膨大なデータを日常的に管理しているIT部門としては、ストレージへの負荷は益々深刻さを増しているといえるでしょう。

　そこで、これからのクラウド時代におけるストレージシステムの見直しは、ストレージ問題をいかに低コストで導入し、運用負荷を軽減することが、今後のIT戦略を支える重要なテーマです。本書では、これらのストレージシステムの課題に対する解決策として、QNAPによるストレージシステムの構築手法についてまとめました。本書がこれからのIT戦略を検討する上で、一助となれば幸いです。

井上正和

QNAP実践活用ガイドブック~クラウド時代のネットワークストレージ活用術 ■**目次**

はじめに ……………………………………………………………………………… III

Chapter.1
QNAPでつくるネットワークストレージ活用術 1

1-1 対象読者 ………………………………………………………………… 2
1-2 用語 ……………………………………………………………………… 2
1-3 クラウド時代のネットワークストレージとは ………………………… 4
　　1-3-1　オンプレミスとクラウドの棲み分け ……………………………… 5
　　1-3-2　ストレージにフォーカスした課題整理 …………………………… 8
1-4 QNAP社とは …………………………………………………………… 10
　　1-4-1　QNAPの製品管理および品質管理体制 ……………………………… 11
　　1-4-2　QNAP NASの機能概要 …………………………………………………… 12
1-5 各章で解説する内容 …………………………………………………… 14

Chapter.2
QNAP製品のハードウェアに関する種類と選び方 15

2-1 QNAP製品のハードウェアに関する種類と選び方 …………………… 16
　　2-1-1　QNAP全体の製品構成と種類、選び方 ……………………………… 16
　　2-1-2　ドライブ・ベイの種類による機種選定 …………………………… 20
　　2-1-3　ネットワーク対応 ……………………………………………………… 27
　　2-1-4　仮想スイッチ機能 ……………………………………………………… 28
　　2-1-5　ハードウェア交換による復旧機能 ………………………………… 29
　　2-1-6　仮想化技術を活用するために必要なメモリ容量 ………………… 32

Chapter.3
QNAPの基本ソフトウェアQTSの機能と拡張性 35

3-1 QNAP NAS、QTSの基本 ……………………………………………… 36
　　3-1-1　QTSデスクトップ画面 ………………………………………………… 36
　　3-1-2　QTSデスクトップの概要 ……………………………………………… 37
　　3-1-3　各種ネットワークサービスに対応 ………………………………… 38
　　3-1-4　充実したセキュリティ機能 ………………………………………… 39
　　3-1-5　ランサムウェア対策機能 …………………………………………… 42

IV

目次

3-1-6	適切なアクセス制御	44
3-1-7	Windows ADの機能とWindows Serverとの共存	44
3-1-8	iSCSIドライブのサポート	46
3-1-9	myQNAPcloudによるネットワーク接続	47
3-1-10	ダッシュボード・リソースモニタ	48

3-2 コントロール・パネル機能 49

3-2-1	システム	50
3-2-2	ネットワークサービスとファイルアクセス設定	59

3-3 App Centerによるアプリケーション拡張機能 68

3-3-1	Qsirch	68

Chapter.4
QNAPのインストール作業と初期設定 73

4-1 QNAPの初期準備作業 74

4-1-1	ディスクドライブの特徴	74
4-1-2	ディスクドライブの選定	75
4-1-3	ディスクドライブの準備	76
4-1-4	ディスクドライブの装着	76

4-2 ディスクアレイの仕組みとストレージ構成 77

4-2-1	ディスクアレイの基本的な仕組み	77

4-3 QNAPの電源装置と基本操作 82

4-3-1	機種によって異なる電源装置	82
4-3-2	UPS（無停電電源装置）の装着	84
4-3-3	QNAPの電源ONとOFF	86
4-3-4	リセットボタン操作	87

4-4 初期ネットワークの設定 88

4-4-1	DHCPネットワークの場合	88
4-4-2	無線LANルータの活用	89
4-4-3	ネットワークケーブルの直接接続による初期設定方法	89

4-5 ストレージ領域の初期設定とボリュームのフォーマット 90

4-5-1	ストレージ領域の確保	90
4-5-2	シンプル・ボリューム	91
4-5-3	シック・プロビジョニング	91
4-5-4	シン・プロビジョニング	92
4-5-5	キャッシュ加速	93

4-6 QNAP Qfinder Proのインストールおよび起動 95

4-7 QNAPのインストール作業開始 96

V

4-8	QTS デスクトップ画面	102
	4-8-1 管理者権限でログイン	102
4-9	特権および共有フォルダの設定	104
	4-9-1 ユーザおよびグループの作成	104
	4-9-2 共有フォルダの設定	107
	4-9-3 クォータの制御	112
	4-9-4 ドメインのセキュリティ	112
	4-9-5 ドメインコントローラの設定	114

Chapter.5
QNAPのファイル共有と各種クライアント端末からの接続　　115

5-1	QNAPのファイル共有とクライアントからの接続	116
	5-1-1 QNAPのファイル共有設定	116
5-2	Windowsパソコンからのアクセス方法	124
5-3	Macクライアントからのアクセス方法	126
5-4	iPhoneからのアクセス方法	128
5-5	Androidからのアクセス方法	131
5-6	Webブラウザからのクライアントアクセス方法	133

Chapter.6
Windows ServerとのAD連携　　137

6-1	Windows Serverとの連携	138
	6-1-1 Windows ServerのAD(Active directory)に参加する	138
6-2	クライアントからQNAP NASにアクセスする方法	145
	6-2-1 ドメイン接続確認・エラー原因解析	145
	6-2-2 ドメインへの参加操作	147
6-3	ドメインに参加せずリソースにアクセスする方法	153
	6-3-1 Windowsエクスプローラからのアクセス方法	154
	6-3-2 Webブラウザを利用したアクセス方法	157

Chapter.7
データバックアップの基本と応用例　　161

7-1	データバックアップの重要性	162
	7-1-1 QNAPの各種バックアップ機能	162

目次

7-2	QNAPのバックアップマネージャ	163
7-3	各種バックアップサーバの設定	164
	7-3-1 Rsyncサーバ	164
	7-3-2 RTRRサーバ	165
	7-3-3 Time Machineサーバ	167
7-4	リモートレプリケーションの機能および設定	168
	7-4-1 NAS to NASのファイルレプリケーション機能	168
	7-4-2 レプリケーションジョブの作成	169
	7-4-3 バックアップ周期	171
	7-4-4 Rsyncによるファイルレベルのバックアップ	172
	7-4-5 RTRRレプリケーション	173
	7-4-6 Snapshot Replica	177
	7-4-7 LUNバックアップ	179
7-5	クラウドバックアップの設定と外部ドライブの設定	180
	7-5-1 Amazon S3 (Simple Storage Service)	180
	7-5-2 外部ドライブ (USBバックアップ)	182
7-6	データバックアップの応用例	183
	7-6-1 NAS to NAS構成による基本的なデータバックアップ方式	183
	7-6-2 Snapshotレプリケーションの操作	190
	7-6-3 Snapshot Replicaを使ったデータバックアップ	194
	7-6-4 Snapshot Vaultの機能設定	198

Chapter.8
ネットワーク機能と仮想スイッチ
203

8-1	ネットワーク機能の概要	204
	8-1-1 ネットワークアダプタ	204
	8-1-2 ポートトランキングとは	204
	8-1-3 VLANシステムの機能	205
	8-1-4 仮想スイッチ機能	206
	8-1-5 インターフェースの設定	208
	8-1-6 DNSサーバ	209
	8-1-7 ポートトランキング設定	210
	8-1-8 IPv6設定	212
	8-1-9 仮想スイッチの設定	213
	8-1-10 DHCPサーバの設定	218
8-2	リモート環境からの接続例	221
	8-2-1 ネットワークの全体構成	221

VII

8-2-2　VPNルータ側のネットワーク設定 ……………………………………… 224
8-2-3　本社側のQNAP NASのネットワーク設定 ……………………………… 226

Chapter.9
仮想化支援機能とiSCSIストレージ機能　233

9-1　仮想化支援機能とアプリケーション構成 …………………… 234
9-1-1　QNAPの仮想化システムの全体構成 ………………………………… 234

9-2　iSCSIストレージとしての活用 ………………………… 237
9-2-1　iSCSI/IP-SANストレージ ……………………………………………… 237
9-2-2　iSCSIの基本構成 ………………………………………………………… 238
9-2-3　QNAP NASでのiSCSIストレージの設定 …………………………… 239
9-2-4　VMwareからのiSCSIストレージ接続 ……………………………… 242

9-3　Virtualization Stationの環境構築 ……………………… 248
9-3-1　Virtualization Stationのインストール …………………………… 248
9-3-2　Virtualization Stationの概要 ……………………………………… 252
9-3-3　VM（Virtual Machine）の作成 …………………………………… 257

9-4　Windows Server 2012 R2のインストール ………… 263

9-5　Container Stationのインストール ………………… 272
9-5-1　WordPressのインストール …………………………………………… 274

索引 ……………………………………………………………………… 276

Chapter.1

QNAPでつくる
ネットワークストレージ
活用術

Chapter.1 QNAPでつくるネットワークストレージ活用術

1-1 対象読者

本書は、システム管理者を対象とした取扱説明書です。本製品の基本的な使用方法および運用方法について説明します。

1-2 用語

本書では、以下の用語を用いて説明しています。

Tbl.1-1

用語	意味・解説
Thunderbolt	Thunderboltとは、IntelとAppleが共同開発した、高速データ転送技術の名称であり、データ転送速度は最大で10Gbpsの速度を実現しています。ThunderboltのコネクタがApple Mini DisplayPortをサポートしていることから、Apple LED Cinema Displayなどのさまざまな機器の接続でも使用されています。
Windows ACL	Windows ACLとは、Windows環境下における、ACL（Access Control List）のことです。アクセス制御リストは、ファイルサーバにおけるシステム全体のリソースに対するアクセス権の集合体であり、重要なセキュリティ機能です。Windows ACLのセキュリティ設定により、個々のユーザ単位あるいはグループ単位で、ファイル共有のシステムで適切なアクセス制御を行えます。
M.2 SSD	M.2（エム・ツー）とは、mSATAの後継として開発された新しいコンピュータの内蔵拡張カードの規格です。SATAとの互換性があり、2.5インチSSDと同等に扱えます。また、ストレージとのインターフェースにPCI Expressを採用したNVMeタイプのM.2は、理論上の最大転送速度が10Gb/sとなっています。
ZFS	ZFSとは、Zettabyte File Systemの略であり、データのアドレスが128ビット・アドレッシングを持つファイルシステムとなったことから、ほぼ無制限のデータ格納が可能なファイルシステムです。
VLAN	VLANとは、Virtual LANの略称であり、物理的な接続形態に縛られない独立したLANセグメントを仮想的に利用するためのネットワークです。
iSCSI	iSCSIとは、Internet Small Computer System Interfaceの略であり、IPネットワークを利用してストレージ・エリア・ネットワークを構築する規格です。
シック・プロビジョニング	シック・プロビジョニング（Thick Provisioning）とは、初期状態でストレージ容量を確保する方式です。
シン・プロビジョニング	シン・プロビジョニング（Thin Provisioning）とは、初期状態でストレージ容量を確保しない方式です。必要になった時点で、必要なストレージ容量を確保できます。

1-2 用語

用語	意味・解説
ホットスペア	ホットスペアとは、複数台のディスクアレイ配置で、ディスクに障害が発生した時点で、自動的に障害ディスクを切り離し、事前に準備していたホットスペア・ディスクに切り替えて、自動的にディスクの再編成処理を実行するシステムです。
SATA	SATAとは、Serial Advanced Technology Attachmentの略で、パソコンと記録装置を接続するための規格です。
SAS	SASとは、Serial Attached SCSIの略で、パソコンと記録装置を接続するための規格です。
SSD	SSDとは、Solid State Driveの略で、記憶媒体としてフラッシュメモリを用いた、ハードディスクドライブと同じような記憶装置です。従来のハードディスクに比べて、低消費電力、高速処理といった特徴があります。
ランサムウェア	ランサムウェアとは、マルウェア（悪意のあるソフトウェア）の一種で、パソコンに侵入後ユーザのデータを暗号化した上で、ユーザのデータを復元するために必要な復号鍵を要求するソフトウェアのことです。ランサムウェアの多くは、データの複合に必要な復号鍵を「身代金」（ransom）として要求することから、ランサムウェアと呼ばれています。
Ext4	Ext4とは、Fourth Extended File Systemの略で、Linuxの標準的なファイルシステムです。Ext4のファイルシステムは、ボリュームサイズで最大1EiBまで、ファイルサイズは最大16TiBまでをサポートしています。
Windows AD	ADとは、Active Directory（アクティブディレクトリ）の略で、Microsoftによって開発された分散ネットワークのディレクトリ・サービス・システムです。Windows 2000 ServerからWindows Serverの標準的なディレクトリ・サービスとして採用されています。
LDAP認証	LDAPとは、Lightweight Directory Access Protocolの略で、Active Directoryと同様のディレクトリ・サービスです。LDAP認証は、LDAPサーバのアカウントを持つユーザ認証システムとして利用可能なLinux系システムのディレクトリ・サービスとして広く採用されています。
RAID	RAIDとは、Redundant Array of Inexpensive Disks（低コストディスクの冗長配列）の略で、複数のハードディスクにデータを分散し記録することで、性能の向上と耐障害性を確保するための技術です。
NAS	Network Attached Storage（ネットワークアタッチトストレージ）の略で、ネットワークに接続された外部記憶装置（ストレージ）であり、コンピュータなどからネットワークを通じてアクセスできる記録装置です。
SMB	Small and Medium Businessの略で、中小企業規模の会社を意味しています。
SMB	Server Message Blockの略で、Windowsネットワークシステムにおけるファイル共有やプリンタ共有などを行うための通信プロトコルです。
レプリケーション	ディスク内の全データを別のディスクに複製する手法です。基本的にはファイルシステムレベルでデータの複製を行います。別名で鏡のような複製をすることからミラーリングとも呼ばれています。レプリケーションの機能としては、日時処理で差分複製を行うものやデータが更新されるたびに即座に複製を行う同期方式など、さまざまな機能があります。
クォータ	クォータ（quota）とは「分担」、「割当量」を意味しています。各ユーザのディスクに対するアクセス許可に対してクォータ サイズを設定します。クォータサイズを超過すると、ユーザが新しいファイルまたはディレクトリを作成する権限が拒否されます。
キャッシュ加速	ハードディスクのアクセス速度を高速化する機能です。3.5インチのハードディスクに比べ、高性能なSSDシリコンディスクやM.2インターフェースのSSDに読み解き機能を置き換えることで、高速処理が可能となります。

3

用語	意味・解説
ストレージ領域	ストレージ領域は、各ストレージ・プールを組み合わせて1つのストレージ領域を構成したもので、すべてのディスク管理対象を表しています。
ストレージ・プール	ストレージ・プールは、各ボリュームを組み合わせて1つの論理ストレージ単位を構成したもので、ストレージ・プールの中にボリュームを割り当てることで、ディスク領域を使用できます。
ボリューム	ボリュームは、ストレージ・プールの中に作成されたディスク領域であり、ファイルシステムによりフォーマットすることで、共有フォルダを作成したり、アプリケーションをインストールしたりできます。
LUN	LUNとは、Logical Unit Numberの略で、SCSI接続の記憶装置における複数の装置を識別するための番号です。
スナップショット	スナップショットとは、ストレージ上のデータ領域におけるポイント指定の日時でディスク・イメージを保持するバックアップシステムです。データ容量の大きなサイズのバックアップに有利な方式です。

1-3 クラウド時代のネットワークストレージとは

　クラウド時代におけるネットワークストレージの世界は大きな転換期を迎えています。特に低コストで気軽に使えるオブジェクトストレージサービスが多数登場したことで、誰にでも手軽にクラウド上のアプリケーションが多数使えるようになりました。例えば、クラウドサービスで有名な「Dropbox」や「Google ドライブ」、「OneDrive」など、さまざまなファイル共有サービスが急増しています。クラウドサービスの増加に伴うモバイル利用者の拡大により、新たな業務応用の世界が広がっています。

　特にクラウドストレージの場合は、大容量のデータをクラウドに移行すると、コスト的な問題が発生するケースもあれば、比較的サイズの小さいデータであっても、企業の機密情報保護の安全管理上の理由から、結果的に社内システムとして継続運用するといったケースもあります。

　そこで、企業内のストレージシステムを導入する前にクラウドサービスとオンプレミス環境の適材適所による切り分けやクラウドストレージとオンプレミスのストレージによる相互利用、あるいは統合的なデータ管理による無駄のない効率的なストレージシステムの導入を構築しましょう。

1-3-1 オンプレミスとクラウドの棲み分け

■ クラウドサービスの利用メリット

クラウドサービスの優れている点は、汎用的に利用可能なアプリケーションが従量課金制による月額サービスとして、気軽に利用できることです。従来、アプリケーションを利用するために必要だったハードウェアの購入費用やソフトウェアの購入費用といった初期費用が不要なほか、さらにはインストール作業といった煩わしい作業までも省いた状態で、すぐに利用できます。

クラウドサービスを選択する上で最も重要なポイントは、汎用的なアプリケーションの適用範囲です。社内システムとして移行が可能かどうかの見極めと判断が重要です。代表的なアプリケーションとして、例えば、電子メールやホームページ、ECサイトなど、自社内で構築するよりもコスト的なメリットがあるものは、積極的にクラウドサービスを検討する価値があります。

Fig.1-01 クラウドサービスの基本モデル

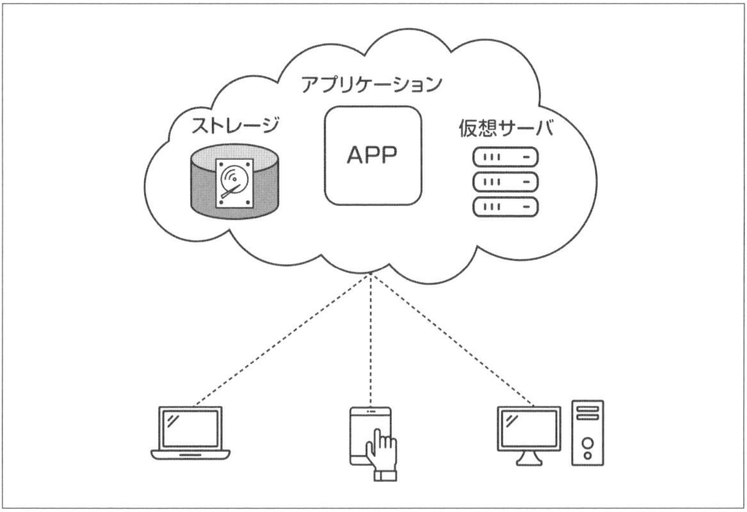

■ クラウドサービスのメリットとデメリット

クラウドサービスのメリットとデメリットとして、表(**Tbl.1-2**)を参考

にしてください。この表からも明らかなようにクラウドを利用するメリットとデメリットを十分に理解した上で、導入の検討が必要です。

特にクラウドサービスは、初期導入のコスト的なメリットがある反面、すべてのユーザが満足するようなアプリケーションが提供されているわけではないので、ユーザ側が妥協するか、あるいは諦めるしかありません。

また、クラウドサービスには、社内の機密情報を第三者となる外部業者に委託することになるので、安全対策上、大丈夫なのかといった課題もクリアにしなければなりません。

Tbl.1-2　クラウドサービスのメリットとデメリット

	特徴	理由
メリット	・初期導入コストが抑えられる ・対外的なWeb系のシステムで有利 ・セキュリティパッチの適用が不要 ・バージョンアップが自動的に行われる ・ハードウェア・ソフトウェアの保守料金が不要 ・低コストで利用可能な遠隔地バックアップサービスの利用	クラウドサービスは、ハードウェアやソフトウェア、インフラシステムなどを複数のユーザで共有するサービスです。設備やシステムを共有・利用することから、初期導入費を抑えることができ、月額サービスとして利用できます。さらにクラウドサービスでは、運用サービス面でも共有されることから、運用保守要員やセキュリティ対策なども共有されるため、低コストでありながら安全なサービスといえます。
デメリット	・長期的な利用の場合は、コスト問題が発生する ・機密情報の管理が外部委託となる ・既存システムの移行が困難なケースが多い ・大容量のストレージ利用で高額な料金が発生する	クラウドサービスを初期段階で導入する費用は低コストでも、利用期間を含めたトータルコストは、長期間利用した場合、逆に上昇する場合があります。また、機密情報の管理についても外部委託となるため、安全対策上の問題になるケースもあります。

■ オンプレミスの大容量ストレージの低コスト運用

オンプレミスの物理サーバは、ほかのユーザからの影響を受けない安定したパフォーマンスの実現が可能です。特に負荷の重いアプリケーションの場合は、オンプレミス環境における物理サーバの構築が理想的です。最近では、クラウドサービス事業者がわざわざ共通サーバとは切り離した独立した物理サーバによるサービスを立ち上げるほど、オンプレミスならではのよさも認知され始めています。オンプレミスのシステムの優れている点は、自社内部で自社専用のアプリケーションを開発し、自由に制限なく使えることです。クラウドサービスのようなある一定の条件や制限に縛られる心配がありません。

セキュリティ面でも自社内部システムとしてクローズな環境で運用する

1-3 クラウド時代のネットワークストレージとは

ことが可能なので、セキュリティ的にも安心といえるでしょう。クラウドサービスへの移行で断念している企業の大半が、このセキュリティの問題で、クラウドサービスへの移行ができない企業が多いと思われます。

ただし、オンプレミスの場合は、物理的なサーバの障害発生による業務停止といった課題があり、サーバ障害に対応した専任者を配置しなければならないといった課題もあります。

Fig.1-02 オンプレミス環境

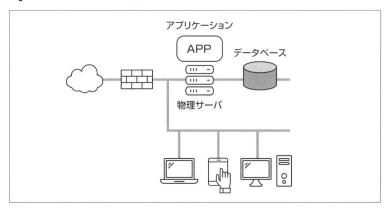

Tbl.1-3 オンプレミスのメリット、デメリット

	特徴	理由
メリット	・既存システムのスケールアウトが容易 ・セキュリティの適用範囲をコントロール可能 ・長期的な利用の場合は、コスト的なメリットがある ・社内アプリケーションの適用範囲に制限がない ・大容量のストレージ利用でコストメリットがある	オンプレミスでシステムを構築する場合は、ハードウェアおよびソフトウェアに関する制限がないことから、コスト的な問題を除くと自由に既存システムのスケールアップを容易に行えます。また、長期的な視点でコスト計算をするとクラウドサービスよりも安くなるケースがあります。オンプレミスの場合、比較的安定して稼働させている社内システムについては、継続的な投資によるオンプレミスの検討が必要です。
デメリット	・高額な初期導入コストが発生する ・利用者数の不明なWeb系のシステム構築では、コストバランスが困難 ・セキュリティパッチを含めた運用コストの問題 ・パフォーマンス低下時の応急対策が困難	オンプレミスの導入で最も苦手な弱点ともいえるシステムは、利用負荷が変動するシステム導入の場合です。例えば、Web系のシステムの場合、利用者人数や負荷が見えないことから、オンプレミスで設計すると初期段階で投資した資源の無駄や利用者急増によりサービスの低下といった問題が発生する恐れがあります。特にWeb系のシステム開発は、利用者数が未知数のため、利用者の変動が発生するようなケースの場合は、最初からクラウドサービスの利用から始めた方がベストです。

オンプレミスの判断基準としては、以下の項目について、検討することで、クラウドサービスとオンプレミスとの棲み分けが可能ではないかと思います。

1-3-2　ストレージにフォーカスした課題整理

クラウドサービスとオンプレミスの棲み分け分析として、ストレージにフォーカスしたケースで、コスト問題を比較してみましょう。ストレージにフォーカスした場合、オンプレミスの方が有利な点が多くあります。クラウドサービスの場合、データ量および利用時間に比例して発生する利用料金の問題があります。図（**Fig.1-03**）からも明らかなように利用者数が少ない場合や利用時間が短い場合は、クラウドサービスの方が有利ですが、図のような利用量が増加した段階では、オンプレミスのストレージ構築についても検討する価値があります。

Fig.1-03

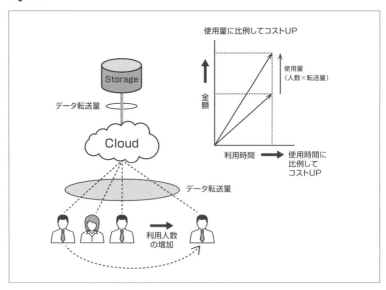

■ クラウドストレージの利便性とコスト問題

クラウドストレージは、初期費用を抑えた便利なサービスですが、利用

者数の増加とデータ転送量および利用時間に比例して利用料金が上昇します。初期導入段階では問題にならなかった利用料金であっても、利用者数の増加や利用期間が長期化した場合では、データ利用量に応じたコスト問題が深刻化します。特に、大量のデータがクラウドに蓄積されると今度は、データ転送量に応じた課金が大きなコスト負担となります。利用者数とデータ利用量の増加に応じて、クラウドサービスの見直しが必要となります。

■ オンプレミス環境で構築するストレージ

　オンプレミス環境で構築するストレージであれば、大量のデータ量に膨れ上がった場合であってもクラウドストレージのようなコスト負担の心配はありません。さらに機密情報の管理でも第三者に委託するといったセキュリティ上の不安もありませんので安心です。重要な機密情報については、自社内のIT部門スタッフによって、管理維持されているので、漏洩する心配も少ないでしょう。

Fig.1-04　オンプレミス導入

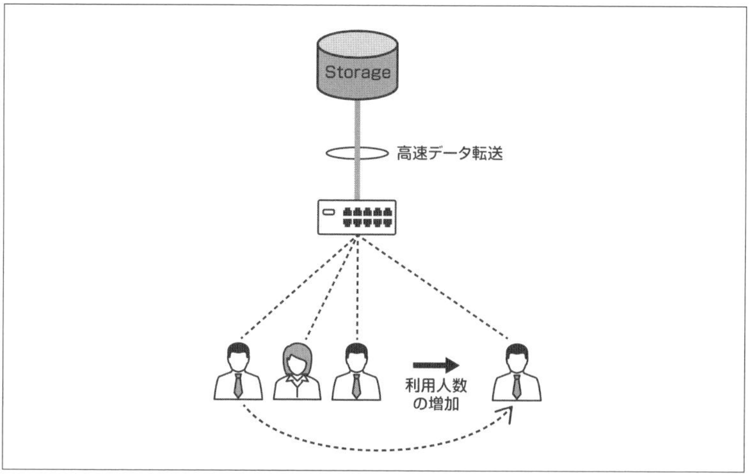

■ BCP対策

　オンプレミス環境におけるセキュリティ上の不安があるとすれば、データのバックアップやBCP対策といった課題となります。本書ではそれら

Chapter.1 QNAPでつくるネットワークストレージ活用術

の課題や対策について、QNAPを活用したシステム構成で解説します。

そのような課題に対して、最も低コストで効果的なシステムは、自社内に設置したネットワークストレージシステムです。従来、NASとも呼ばれていたネットワーク接続型のストレージを複数台導入することで、BCP対策でも安心なシステムです。複数台のネットワークストレージによるミラーバックアップや遠隔地への転送機能など、オンプレミス環境で使える便利な機能を多数装備しています。

■ ストレージベンダーとして、世界をリードしている台湾のQNAP社

本書では、QNAP社の製品群の紹介と製品構成の概要、インストール時に必要な準備やネットワーク設計に向けたシステム構成や運用ポイントなどを具体的に説明していきます。

Fig.1-05 BCP対策

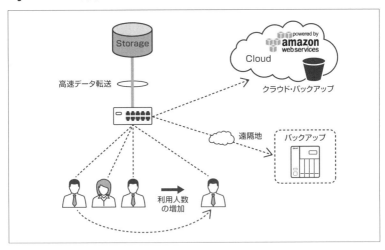

1-4 QNAP社とは

QNAP Systems, Inc.（以降QNAP社）は、台湾の台北に本社があり、ネットワークアタッチトストレージ（NAS）とネットワークビデオレコーダー（NVR）関連の製品を開発・製造しているメーカです。日本では、馴染み

の薄いメーカですが、グローバルな市場規模では、業界トップクラスのNASメーカです。

　QNAP社の創業は、2004年に産業用コンピュータを手がけている大手IEI Integrationグループから分離独立して設立された会社です。テクノロジーのベースが産業用のコンピュータ開発の会社ということもあり、設立当初からハードウェア設計とソフトウェア開発に優れた能力を特徴としています。さらにQNAP社は、台湾や中国に自社工場を所有しており、安定した品質の提供と最先端のテクノロジーの開発に取り組んでいる会社です。

1-4-1　QNAPの製品管理および品質管理体制

　QNAPの源流は、「IEI」グループの産業用コンピュータを約20年間作り続けている会社です。大手IEIグループと同一の設計思想、品質管理を元に製造されています。QNAPは設計から製造工程まで、すべての工程を品質にこだわった自社内で生産しています。

Pic.1-01　QNAP社の組み立て工場

■ 充実したサポート体制

　QNAPの優れているところは、充実したサポート体制にあります。残念ながら日本語でのサポートは受けられませんが、購入先のベンダーが日本法人の正規代理店であれば、安心です。QNAPに関するさまざまな質問に答えてくれます。そういう意味からでもQNAPの製品は、国内正規代理店

から購入することをお勧めします。

■ 豊富なラインナップ

QNAP社の製品ラインナップは、データセンター向けのラックマウント型のハイエンド製品から、コンシューマ向けホームユースの製品まで、豊富なラインナップが取り揃えられています。その数約75品種という驚きの製品群です。あらゆるユーザニーズにマッチした製品が用意されていますので、どれを選べばよいか迷うほどです。利用目的に合わせた最適なQNAPの機種を選びましょう。

■ QNAPの世界

QNAP社のNASは、仮想化技術の導入により、Windows ServerやLinuxといったアプリケーションサーバとの混在利用が可能になったことで、NASというカテゴライズの世界から、アプリケーション・アプライアンス・サーバとも呼べる新しいプラットホームの世界を広げています。その操作性は、まるでクラウドサービスを利用しているような錯覚に陥るほど、簡単操作で仮想マシンを自在に操作できます。

1-4-2 QNAP NASの機能概要

QNAP NAS全商品に共有する機能は、すべての機種で同じQTSという強力なオペレーティングシステムの配下で各種サービスが利用できるということです。QNAP NASを初めて操作する初級者にとっては、トレーニング期間にQNAP NASの豊富な機能に圧倒されるかもしれません。ところが、少し使い慣れてくると、すべての機種に共通する機能の実装とそのテクノロジーの高さや充実度に、高い利便性を感じられるでしょう。いくつかのQNAPを代表する優れた機能は以下の通りです。

■ 階層化ストレージ

QNAPの複数のドライブ・ベイを搭載した機種で新たに導入された階層化ストレージ「Qtier」技術は、M.2 SSDやSSDおよびSATAなどの複合ドライブ上で自動階層化によるストレージ効率を最適化するのに優れています。

自動階層化を用いたストレージ管理機能は、高頻度の「ホット」データを自動的にM.2などの高速ストレージ階層に移動し、アクセス頻度の低い「コールド」データを低価格な大容量ドライブに自動的に移動させられる、極めて効率的にリソースを管理できるテクノロジーです。

■ ネットワークトラフィック分散

複数台のGbEポートを装備することで、ポートトランキング処理やネットワークトラフィックの分散処理など、アクセス速度の向上と可用性を満たしたネットワーク機能を装備しています。また、各LANポートは、仮想スイッチを利用することで、容易にネットワークを管理できます。

■ QTSによる豊富な機能

QTSは、WebUIによる直感的な操作で、ストレージやネットワーク、バックアップ操作など、QNAP NASを簡単に操作できます。また、内蔵App Centerの充実により、標準でインストールされているアプリケーションとは別にインターネットを経由することで、スマートフォンなどのアプリケーションと同様のインストールオンデマンドアプリが利用可能です。App Centerの利用で、QNAP NASの無限の可能性を広げられます。

■ 統合された仮想化とコンテナソリューション

QNAP NASに搭載された仮想化技術のVirtualization Stationは、QNAP NAS上で仮想マシンを稼働させたり、稼働中の仮想マシンに対してWebブラウザまたはVNCを利用して、自在にアクセスしたりできます。

Virtualization Stationの仮想化マシンとしては、WindowsやLinuxなどのさまざまなオペレーティングシステムをゲストOSとして稼働させることが可能なほか、仮想マシンのバックアップや復元処理、仮想マシンのインポート/エクスポート、スナップショットなど、さまざまな仮想マシンを集中管理することが可能です。

さらに、QNAP NASの仮想化技術には、軽量型の仮想化技術として、Container Stationを装備しています。このContainer Stationを利用することで、LXCやDockerなどのコンテナを統合し、複数の独立したLinuxシステムをNAS上で動作させられます。

| Chapter.1 | QNAPでつくるネットワークストレージ活用術 |

1-5　各章で解説する内容

■ Chapter.2　QNAP製品のハードウェアに関する種類と選び方

QNAPの豊富な製品ラインナップの特徴および選び方について、説明します。

■ Chapter.3　QNAPの基本ソフトウェアQTSの機能と拡張性

QNAPに実装されている基本ソフトウェアQTSの基本機能と拡張性について説明します。

■ Chapter.4　QNAPのインストール作業と初期設定

QNAPのインストール作業と初期設定について説明します。

■ Chapter.5　QNAPのファイル共有とクライアントからの接続

QNAPのファイル共有機能とWindowsクライアントやスマートフォンからのアクセス方法について、解説します。

■ Chapter.6　Windows ServerとのAD連携

Windows ServerとのAD連携について解説します。

■ Chapter.7　データバックアップの基本と応用例

QNAPに実装されている豊富なバックアップ機能の使い方と運用について、解説します。

■ Chapter.8　ネットワーク機能と仮想スイッチ

QNAPのネットワーク機能や仮想スイッチ機能について説明します。

■ Chapter.9　仮想化支援機能とiSCSIストレージ機能

QTSの仮想化支援機能の概要やiSCSIストレージ機能、Virtualization StationやContainer Stationの機能について説明します。

Chapter.2

QNAP 製品の
ハードウェアに関する
種類と選び方

Chapter.2 QNAP製品のハードウェアに関する種類と選び方

2-1 QNAP製品のハードウェアに関する種類と選び方

　QNAPの製品ラインナップは、大企業向けの大型ラックマウントシステムや中小企業向けのタワー型サーバ、さらにはSOHO向け用の小型タワー型など多品種・多目的の用途に合わせた多数のストレージ製品が揃っています。また、一般家庭向けの製品としては、ビジネス用途とは大きく異なった小型のタワー型や映像系のデータ保管用あるいは、マルチメディア対応といったビデオ再生機能を装備した製品などがあります。初めてQNAP製品の総合カタログを見た人は、約75品種（CPUタイプ除く）もの製品群に驚くことでしょう。これら製品の中から、利用目的に合わせたQNAPの選定と適正機種の導入は少々大変ではないかと思います。QNAPの豊富な製品ラインナップの特徴および選び方について、理解を深めましょう。

2-1-1　QNAP全体の製品構成と種類、選び方

　QNAPの製品群を大別すると4種類の本体形状で分類できます。それぞれ、ラックマウント型、タワー型、SOHOミニタワー型、ホームユース型に分けられます。

■ ラックマウント型

　ラックマウント型のQNAPは、主にIDC向けの設備としての利用や社内のデータセンター内における専用ラックに設置するのに適した形状のサーバ・システムです。専用ラックに取り付けることを前提に設計されていますので、設置にはラック本体とQNAP本体の専用取り付け金具（QNAP専用レール金具）が必要です。ラックマウント型のサーバの特徴は、省スペースに大量のディスクユニットの装着が可能なほか、電源部の2重化対応が可能など、エンタープライズ向けとして最適な製品となっています。特に大容量のストレージ構成を組み上げるなら、ラックマウント型のサーバがお勧めです。装着可能なストレージベイも12ドライブ・ベイや16ドライブ・ベイなどに加えて、CPUやネットワークカードも強化されています。

　ただし、ラックマウント型は、小型のモデルであっても温度管理が安定的に維持されているマシンルームに設置することを前提に設計されていま

16

す。また、ファンの騒音問題もありますので、通常のオフィス環境に設置することは適していません。どうしても一般オフィス内に設置する場合は、クーラー付きの温度管理や騒音対策済みのラックマウントに設置することをお勧めします。ラックマウント型の設置条件を十分に理解した上で適切な場所に設置してください。

Fig.2-01 ラックマウント型

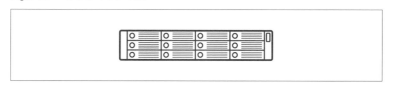

QNAPの製品型式としては、ラックマウント型の場合、末尾に「U」が付加されます。一例として、「TVS-1271U-RP」の場合、「TVSシリーズの12ドライブ・ベイx71型のラックマウントタイプ」となります。

□ 19インチラックマウントサイズ

ラックマウント型サーバは、米国電子工業会(EIA)によって定められた、ラックの形状とラックに取り付けるサーバ機器などのサイズが規定されています。例えば、収納するサーバ機器の幅は、19インチ(482.6mm)、高さは1.75インチ(44.45mm)の倍数となっており、1.75インチを1Uと呼んでいます。TVS-1271U-RPの場合だと、高さが2Uサイズとなります。

ラックキットは、19インチラックとしては「ユニバーサルピッチ」、「角穴タイプ」(9.5mm x 9.5mm)のサーバラックのみに取付可能です。

Chapter.2 QNAP製品のハードウェアに関する種類と選び方

Pic.2-01　19インチラックマウントのサイズ

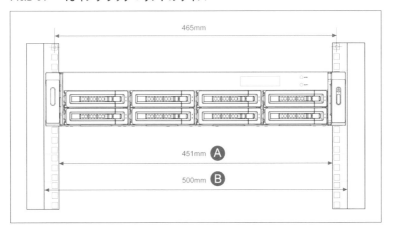

Pic.2-02　角穴タイプ

□ 専用レールキット

　ラックマウント型サーバを19インチラックに取り付けるには、専用のレールキットが必要です。それぞれ機種ごとに適合した専用のレールキットが用意されていますので、機種選定には注意が必要です。

　例えば、TVS-1271U-RPの機種の場合、適合の専用レールキットの型番は、「RAIL-B01」となります。

2-1 QNAP製品のハードウェアに関する種類と選び方

Pic.2-03　専用レールキット

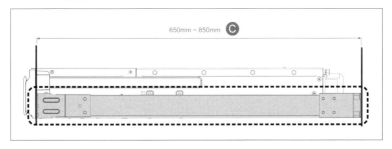

■ タワー型

　タワー型のQNAPは、主にオフィス環境に設置するためのシステムです。机の上などに置いて利用することを前提にしています。またタワー型の機種は、ラックマウント型に比べて、静音性に非常に優れていますので、オフィス内に気軽に設置できます。ただし、大切なデータを保管する装置ということを意識して、最適な設置場所を確保することが重要です。理想的な設置場所としては、ネットワーク機器やサーバ製品などを設置するための専用のサーバルームでしょう。専用のサーバルームに設置できない場合には、できるだけ振動や埃が少なく、温度、湿度を一定に維持しやすいなど、適した設置場所を検討して設置してください。

Fig.2-02　タワー型

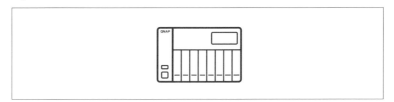

■ SOHOミニタワー型

　SOHOミニタワー型のQNAPは、主に小規模なSOHOオフィス環境に設置するためのシステムです。机の上などに置いて利用することを前提にしています。設置場所はできるだけ、振動や埃が少なく、温度、湿度を一定に維持しやすいなど、最適な設置場所を検討して設置してください。

19

Fig.2-03 ミニタワー型

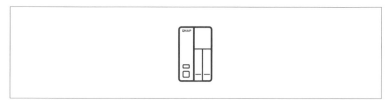

■ ホームユース型

　ホームユース型のQNAPは、リビングなどに置いて使うことを想定した製品です。そのためか、QNAP製品の中でも最もスタイリッシュなデザインが特徴です。リビングに設置できるとはいえ、やはり重要情報を取り扱う製品となりますので、設置場所はできるだけ、振動や埃が少なく、温度、湿度を一定に維持しやすいなど、最適な設置場所を検討して設置することをお勧めします。

Fig.2-04 ホームユース型

2-1-2　ドライブ・ベイの種類による機種選定

　QNAPの機種選定の際、利用目的に合わせたドライブ・ベイの種類に応じた選定が必要です。例えば、4ベイ機種は、コンパクトサイズですが、拡張性がないので、ビジネス用途としては限定的です。それに比べ、8ベイ、12ベイなどの機種であれば、ディスクドライブの拡張が可能なため、将来性に優れています。

■ QNAPの製品型番

　QNAPの製品型番の意味合いとして、最初の数字がドライブ・ベイの個

数を示しています。最小は1から始まりタワー型では、12ドライブ・ベイの製品まで提供されています。さらにエンタープライズ向けの製品では、16ドライブ・ベイや24ドライブ・ベイといった超大型の製品まで提供されています。

　QNAPの機種選定で最も重要な基準となるのがこのドライブ・ベイ数です。4ドライブ・ベイによる省スペースの小型タイプにするか、あるいは拡張性を考えて大型の8ドライブ・ベイにするか、とても重要な選択です。導入時の段階で、最初にストレージの最大容量や拡張時期、設置場所、運用体制などを考慮した上で、最適なドライブ・ベイ数を決定しましょう。

Tbl.2-1　QNAP製品の型番例

TVS-1282T3	TVS-682
12ドライブのTVS-x82Tシリーズ	6ドライブのTVS-x82シリーズ

※「T」はThunderboltを示しています

■2ドライブ・ベイ型

　2ドライブ・ベイ型は、2台のハードディスクによる最小のRAID0またはRAID1の構成が可能です。小規模オフィスに設置する場合や一般家庭向けの製品として省スペースサイズな点が人気です。2ドライブ・ベイの特徴としては、小型のシステムとして利用可能なことに加え、RAID1構成であれば、1台のディスクに障害が発生した場合であっても片方のディスクユニットで、処理を継続できます。2台のハードディスクによるRAID1の構成であれば、動作不能に陥る心配がないので安心です。ただし、RAID1の構成では2台のハードディスクを装着してもデータのサイズは1台分となります。

Fig.2-05　2ドライブ・ベイ

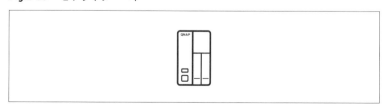

Chapter.2　QNAP製品のハードウェアに関する種類と選び方

■ 4ドライブ・ベイ型

　4ドライブ・ベイ型は、パフォーマンスとディスク容量の優れたRAID5の構成が可能です。RAID5であればデータのリード処理が複数ドライブからの並列処理となり、高速処理が得られます。ディスクドライブを3ドライブでRAID5を構成した場合は、残り1台のディスクユニットを容量追加のディスクとしての利用や障害発生時のためのホットスペア・ディスクとしての利用が可能です。あるいは、ホットスペアの代わりにSSDを使ったキャッシュシステムによる高速化処理の利用も可能です。さらに4ドライブ・ベイ型の中には、拡張カードが使える機種があります。PCI ExpressカードによるM.2 SSDによる高速キャッシュ加速を追加で拡張することも可能です。ドライブ・ベイ機種からは、この拡張カードの有無も重要な選択肢の1つといえます。

Fig.2-06　4ドライブ・ベイ型

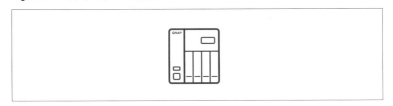

■ 6ドライブ・ベイ型

　6ドライブ・ベイ型は、パフォーマンスとディスク容量に加え、可用性の優れたRAID6の構成が可能です。6ドライブ・ベイ型からは、3ドライブ+パリティ・ディスク2台構成が可能となります。6ドライブ・ベイによるRAID6構成であれば、RAID5に比べ、同時に2台のハードディスクに障害が発生した場合でも処理の継続が可能です。また、残り1台のディスクユニットは、4ドライブ・ベイ型と同様に容量追加のディスクとしての利用や障害発生時のためのホットスペア・ディスクとしての利用のほか、2.5インチ・ベイ型を使ったSSDによる高速化処理のキャッシュシステムとしての混在利用が可能です。6ドライブ・ベイ型であれば、柔軟性と拡張性の優れた本格的なディスクアレイ・システムを組み立てることが可能です。

Fig.2-07 6ドライブ・ベイ型

■ 8ドライブ・ベイ型以上

　8ドライブ・ベイ型(以上)は、RAID6の優れたディスクアレイ構成に加えて、さらに2台(以上)のディスクを加えた8台(以上)構成による大容量のRAID6構成が可能です。また、RAID1あるいはRAID10さらには、RAID5構成による別システムの混在構成など、多種多様なディスクアレイ・システムを1台のハードウェアに詰め込み状態で構成できます。また、SSDやSATAとの組み合わせによるQtier(階層型ディスクアレイ機能)という高度な階層型ディスクアレイの構築も可能です。数十テラバイトクラスの大容量ストレージ構成が必要な場合は、8ドライブ・ベイ型以上による大型のタワー型のシステムがお勧めです。

Fig.2-08 8ドライブ・ベイ型以上

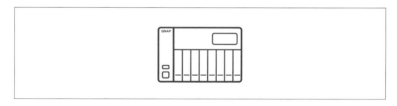

■ 2.5/3.5インチドライブ・ベイ混在機種

　2.5/3.5インチドライブ・ベイが混在した機種では、主にSSD用の拡張スロットが利用可能です。このモデルで、3.5インチドライブ・ベイに2.5インチのSSDを装着した場合、オールSSD構成でRAID6ディスクアレイによる高速ストレージドライブを構成できます。例えば、3.5インチ4ドライブ＋2.5インチドライブ・ベイの場合では、6ドライブ・ベイのディスクアレイが構成可能です。また、3.5インチドライブと2.5インチドライブのコンビネーションによる大容量化と高速処理を実現したQtier(階層

型ディスクアレイ）による効率的な構成も可能です。

Fig.2-09　2.5/3.5インチドライブ・ベイ搭載型機種

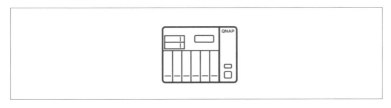

　Qtier（階層型ディスクアレイ）によるドライブ構成は、SSDによるキャッシュディスクとは異なり、ディスクアクセスへの頻度とパフォーマンスの要求度に合わせた階層的なストレージ配置が自動的に最適化されます。そのため最も経済的で、パフォーマンスの優れたストレージ構成を実現できます。

　Qtierの階層型ディスクアレイを構築する場合は、少なくとも6ドライブ・ベイ以上の機種が必要です。

Fig.2-10　Qtier階層型ディスクアレイ

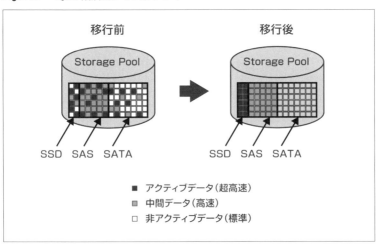

■ M.2 SSDスロット対応機種

　M.2 SSDスロットは、ディスクアクセスのインターフェースにおけ

る高速化を目指して開発された新しい規格です。内部的には汎用のPCI Expressを採用していることから、高速処理に適した規格として注目されています。特にSSDの高速処理を活かす際にはM.2スロットは抜群の威力を発揮します。気になるM.2規格の最大転送速度は、理論上10Gb/sとなっています。従来のSATA3の6Gb/sと比べても高速な転送速度が期待できることから、QNAPを仮想サーバ・システムのアプリケーションサーバとしての利用するのであれば、このM.2インターフェースを装備した機種がお勧めです。

Fig.2-11

ただし、M.2 SSDの機種選定時は注意が必要です。形状がほとんど同じM.2 SSDといっても大別するとSATAタイプと、PCI Expressタイプの2種類存在します。特にQNAP NASの本体(マザーボード)に装着可能なM.2スロットについては、内蔵がSATAタイプで、拡張カードによるPCI Expressタイプとなっている場合があります。つまり適合リストに掲載しているからといって、すべてのM.2 SSDの機種が本体内蔵スロットでそのまま使えるわけではありません。拡張カードによるPCI ExpressタイプのM.2 SSDを装着するケースも含まれていることを理解する必要があります。

SATAタイプとPCI Expressタイプの違いを具体的な例で説明すると表(**Tbl.2-2**)のようになります。

Tbl.2-2

M.2 SSDの種類	最大転送速度	形状
SATA	理論上6Gb/s 最大600MB/秒の処理速度	B&M Key
PCI Express	理論上10Gb/s PCIe Gen2 2倍速レーンの場合で、 最大速度1000MB/秒	M-Key

☐ M.2 SSD PCI Expressの拡張方法

M-KeyタイプのSSDは、QNAP専用の拡張カード「QM2-MP」を使ってM.2 SSDを装着します。拡張カードに対応した機種であれば、ドライブ・ベイを利用することなく、M.2 SSDによる高速キャッシュ加速を利用することが可能です。4ドライブ・ベイの機種には有効な拡張機能といえます。

Fig.2-12

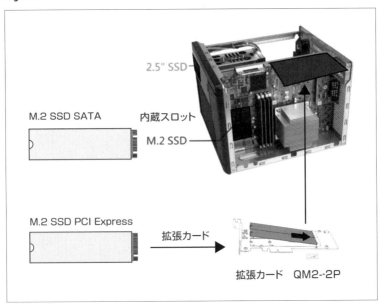

2-1-3 ネットワーク対応

■ ネットワークの2ポート対応、4ポート対応機種

QNAPのハードウェア構成で最も重要な機能がLANポートの数です。標準で搭載されているLANポートの数が2ポートタイプと4ポートタイプがありますので、4ポート以上の機種を選択しましょう。NASのネットワーク構築では、4ポートでも足りないと思うほど、重要な機能となります。例えば、複数のLANポートを仮想的に束ねることで、ネットワークの冗長化や負荷分散、高速化といったポートトランキング機能を利用できます。2つのLANポートを束ねることで、ネットワークの転送速度を2倍に増強することが可能です。

Pic.2-04 ネットワーク対応

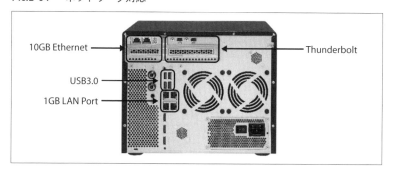

■ 10GbEthernet対応、Thunderbolt対応機種

ネットワークストレージサーバに求められる機能としては、ディスクアクセスのスピードアップだけでは不十分です。従来の1Gbネットワークでは、ポートトランキング機能を使っても2倍程度ですが、Thunderbolt搭載機種あるいは10GbEthernet搭載機種であれば、メタルケーブルを使ったシステム構成でも10Gb/sの高速転送が可能となります。また、Thunderbolt搭載機種であれば、AppleのMacBookとの高速接続が可能なことから、ストレスなく大容量データへのアクセスが可能です。ネットワークに繋いだ状態でも高速処理が必要な場合は、Thunderboltあるいは10GbEthernet搭載機種がお勧めです。

Pic.2-05 Thunderbolt搭載機種

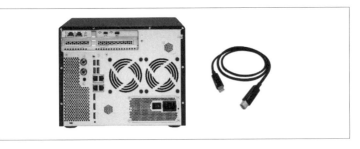

2-1-4　仮想スイッチ機能

　QNAPのTurbo NASには、ネットワーク機能を最大限に発揮する仮想スイッチ機能が標準で装備しています。物理的な各ポートのネットワークアダプタに対して、個々のIPアドレスの設定やVLANのVIDを個々に割り当てることが可能です。さらに仮想サーバに対するネットワークの割当や分離についても仮想スイッチを利用することで、個々に割り当てることが可能です。特にネットワーク拡張カードによるThunderboltや10Gb Ethernetなどのネットワーク構成では、高速のネットワークグループの設定やセグメント分離ネットワークでセキュリティを高める設定など、さまざまな目的に合わせたネットワークグループの設定が可能です。

■ SASドライブ対応機種

　QNAPのエンタープライズ向けの製品にはSAS型のハードディスクに対応した製品が用意されています。SAS型の特徴でもある、高速性、高信頼性に優れたハードディスクドライブは、エンタープライズ向けのディスクユニットとして最適です。ただし、最近では、SSDの価格低下や処理速度の向上、大容量化により、SAS型のハードディスクドライブよりは、SSDのディスクドライブが採用される傾向にあります。

　これからのディスクドライブの選択は、エンタープライズ向けの高価なSAS型のハードディスクによるシステム構成よりは、3.5インチのSATA型とSSDとの組み合わせによるトータルバランスで優れたシステム構成を選択することが重要ではないかと思います。

2-1-5 ハードウェア交換による復旧機能

■ ハードウェア故障による対応[注1]

QNAP NASのハードウェアが故障した場合に対処する機能として、最も優れたものの1つにハードウェア交換による復旧機能があります。不幸にもQNAP NASのハードウェアが故障した場合、同じ形式の機種同士であれば、そのままディスクドライブだけを抜き取り、差し替えることで、QTSのシステムをそのまま復旧させることができます。データが保存されていたハードディスクは、RAID構成による安全対策は取られていますので、ハードウェアの故障による障害が発生した場合であってもハードディスクのデータが壊れる心配はありません。壊れた本体からすべてのディスクドライブを抜き取り、別のQNAPに差し替えることで、システムを復旧させることが可能です。

このような便利な機能を利用するためにもQNAPのハードウェアは、同型の機種を2台構成で購入することをお勧めします。

■ 主ファイルサーバによる正常時の運用

主ファイルサーバとバックアップサーバによる運用例示です。図（**Fig.2-13**）のように正常時であれば、主ファイルサーバを中心としたファイル共有による各部署からのアクセスに対応できます。また、バックアップサーバの運用により、主ファイルサーバのデータは常時バックアップサーバに同期転送されています。さらに追加のバックアップシステムとして、重要なファイルだけを部分バックアップするUSB外部ストレージによるバックアップがあれば、不測の事態（大規模停電など）が発生しても、ノートPCでファイルをアクセスできます。

注1　故障状態によっては、ハードディスクも連鎖故障する場合もありますので、完全に保証できるもではありません。図（Fig.2-13）の構成例では、最悪のケースが発生した場合でもデータの保護を目的としたデータのバックアップを安全に行うことを推奨しています。また、キャッシュ加速やQtierによる複雑なディスク構成によるシステム構成では、設定の組み合わせや構成によっては、ハードウェア交換による復旧機能が有効に機能しないケースが考えられます。ハードウェア交換による復旧に失敗するとデータ破壊のリスクを伴う危険性がありますので、システムの導入初期段階で、十分な試験評価されることをお勧めします。また、常にデータのバックアップを優先させた上で、運用することがトラブルを未然に防ぐ基本といえるでしょう。

Fig.2-13

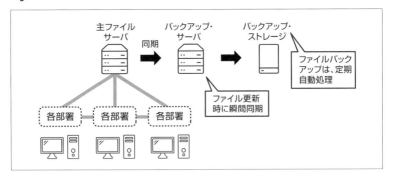

■ 主ファイルサーバの故障発生時の対応

　図（**Fig.2-13**）の構成で、主ファイルサーバに故障が発生すると共有フォルダへのアクセスが停止し、業務に大きな支障を来すことになります。そのようなトラブル発生時には、対策案として2つの選択肢があります。ひとつは、バックアップサーバ側にアクセスを切り替えて、運用を継続する方式と、故障の主ファイルサーバから、ディスクドライブを引き抜いて、バックアップサーバと交換するという復旧方式です。それぞれの方式には一長一短がありますので、ケースバイケースで判断することになるでしょう。それぞれの方式案を簡単にまとめると以下の通りです。

□ バックアップサーバに切り替えて運用する

　バックアップサーバに切り替える方式が最も一般的な切り替え方式としては、最も無難で安全な方式といえます。ただし、この方式では、ユーザから見た主ファイルサーバからの切り替え操作が発生します。ファイルサーバの切り替えが完了するまで、IT部門のサポート負担が問題になるかも知れません。

Fig.2-14

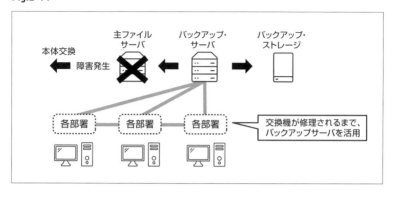

□ ハードウェア交換による復旧方法

ハードウェア交換による復旧方式であれば、復旧作業は簡単です。故障機から、すべてのハードディスクを抜き取り、バックアップサーバのハードウェアに差し替えるだけで完了です。主ファイルサーバで記録していたデータはもちろんのこと、各種アプリケーションやネットワーク・アドレスについても完全復旧することが可能です。ユーザから見た変化はまったく感じさせることなく、復旧作業を完了させることが可能です。

Fig.2-15

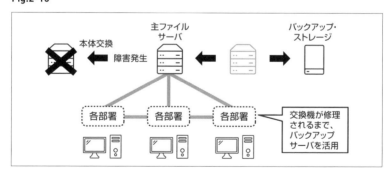

■ 大切なのは日常業務でのトレーニングの実施

安全で確実なバックアップ作業は、日頃から日常業務でのトレーニングや訓練を怠らないことです。QNAP NASには便利なバックアップ機能が豊富ですが、これらの機能は、日頃から使いこなすことで、威力を発揮し

ます。バックアップ操作を設定したから、安心ではなく、定期的な点検や訓練を実施することをお勧めします。ハードウェア交換による復旧機能は、大変優れた機能ですが、日常業務での運用経験がなければ、利用することはできません。QNAP NASのハードウェアについては、実際に担当者が試験的な評価をすることで、正しい運用の理解を深められます。

2-1-6　仮想化技術を活用するために必要なメモリ容量

　QNAP NASには、仮想化技術のプラットホームとして、Virtualization Station が提供されています。仮想化システムをフル活用することで、小規模なシステム構成でWindows ServerやLinuxシステムなどの各種サーバ・システムをQNAP NAS上に仮想マシンとして構築できます。Virtualization Stationの機能については、Chapter.9で詳しく解説します。

■ 十分な物理メモリの搭載可能マシンの選択

　仮想化技術の機能を有効にするには、QNAP NAS本体に搭載されている物理メモリが重要なキーコンポーネントになります。物理コンピュータの場合と同様に仮想マシンとして稼働させる場合であっても物理メモリの容量は重要なため、QNAP NASに搭載可能な物理メモリの容量に注目して機種を選定しましょう。

　例えば、Windows ServerなどのOSをQNAP NASにインストールする場合はWindows Server用のメモリとして、最低でも4GB以上のメモリの空き容量が必要です。また、Windowsアプリケーションによっても異なりますが、アプリケーションが要求するメモリ容量についても鑑みると最低でも8GB以上が必要なるでしょう。そうなるとWindows Serverを稼働させるのであれば、最初からQNAP NAS本体のメモリ容量は、16GB以上搭載が可能なモデルを選択する必要があります。あとからメモリを増設することは非常に難しい作業となりますので、最初から購入する前にメモリ容量に着目した機種選定をお勧めします。

■ QNAP NASに搭載可能な各種メモリの種類について

　QNAP NASに搭載されているメモリとしては、図（**Fig.2-16**、**Fig.2-17**、**Fig.2-18**、**Fig.2-19**）のようにノートPC用のDDR3とデスクトップPC用の

DDR3とDDR4の4種類のメモリがあります。

☐ **DDR3 SDRAM-S.O.DIMM**

ノートPC用のメモリとして採用されている204pinのメモリです。形状が同じでも動作電源電圧が1.35vと1.5vタイプの2種類あります。メモリを交換する場合は、2個1組のペアチップタイプのメモリが推奨されています。

Fig.2-16　DDR3 SDRAM-S.O.DIMM

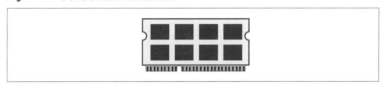

☐ **DDR4 SDRAM-S.O.DIMM**

ノートPC用のメモリとして採用されている260pinのメモリです。形状が同じでも動作電源電圧や周波数が異なりますので、注意が必要です。メモリを交換する場合は、2個1組のペアチップタイプのメモリが推奨されています。

Fig.2-17　DDR4 SDRAM-S.O.DIMM

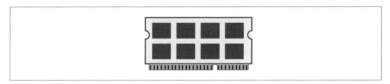

☐ **DDR3 SDRAM-DIMM**

デスクトップPC用のメモリとして採用されている240pinのメモリです。形状が同じメモリでも動作電圧やバスクロックが異なりますので、注意が必要です。メモリを交換する場合は、2個1組のペアチップタイプのメモリが推奨されています。また、4スロットのメモリスロット機種の場合は、レールの位置がペアセットになっていますので、取り付け方法についても注意が必要です。さらにDDR3の種類としては、最大動作周波数が異なる

DDR3-800からDDR3-2666までの8種類存在します。

Fig.2-18 DDR3 SDRAM-DIMM

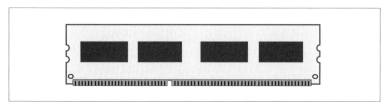

□ **DDR4 SDRAM-DIMM**

DDR4は、最新のデスクトップPC用のメモリとして採用されている288pinのメモリです。DDR3に比べてバスクロックが向上していますので、高速転送が可能なメモリです。DDR3と同様に形状が同じメモリでも動作電圧やバスクロックが異なりますので、適正な選定が必要です。また、メモリの増設は、2個1組のペアチップタイプのものと、レールの位置がペアセットになっていますので、取り付け方法についても注意が必要です。

Fig.2-19 DDR4 SDRAM-DIMM

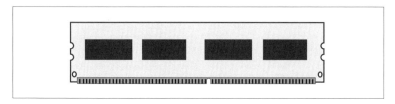

■ **メモリ容量は、QNAP購入時に決めましょう**

メモリの増設および取り付けについては、専門的な知識と経験が必要です。QNAPを購入する初期段階で決定し、国内正規代理店あるいは販売専門業者に依頼して増設することをお勧めします。あとから増設するケースでは、適正なメモリデバイスが入手困難になるケースやペアチップが揃わないといったケースなどが考えられますので、QNAPの購入時にメモリの増設あるいは機種選定されることをお勧めします。

Chapter.3

QNAPの
基本ソフトウェア
QTSの機能と拡張性

3-1 QNAP NAS、QTSの基本

QNAP NASの全機種に搭載されているQTSは、QNAPが独自に開発したLinuxベースの基本ソフトウェアです。基本的なNASとしての機能に加え、多彩なネットワーク機能、高度なファル共有、アクセス管理、アプリケーション管理、ハードウェア制御機能、仮想化技術機能などなど盛りだくさんの機能が搭載されています。これらQNAP NASに実装されているQTSの基本機能について説明します。

3-1-1 QTSデスクトップ画面

QNAP本体へのハードディスクドライブをセットアップ後、最初に起動される画面が、QTSデスクトップ画面です。

Web-UIによるGUI画面となっていますので、Webブラウザが利用可能な端末であれば、Windowsパソコン以外の機種からでも操作できます。

QTSデスクトップ画面で最も重要なコマンドは、最上部のコマンドバーの部分です。左から順に「メインメニュー・ボタン」、「検索」、「バックグラウンドタスク」、「外部デバイス」、「通知とアラート」、「オプション」、「管理オプション」、「その他」、「ダッシュボード」となっています。特に重要なコマンドバーは、「通知とアラート」です。このコマンドバーで赤色が表示された場合、何らかの警告、あるいはエラーが発生していますので、エラーの確認と対応が必要です。NASを安全に運用するためにも重要な通知機能です。

Pic.3-01 QTS Ver4.3デスクトップ画面

3-1-2 QTS デスクトップの概要

QTS デスクトップ画面の各部の名称と機能概要は以下の通りです。

Tbl.3-1

各部名称	機能概要
メインメニュー	システム設定とインストールしたアプリケーションが表示されます。
検索	QTSのコマンドや設定機能の検索ができます。
バックグランドタスク	現在のバックグラウンドタスクの実行状況について表示します。
外部デバイス	USBディスクやUPSなどの外部デバイスの接続状況について表示します。
通知とアラート	イベントログに関連した警告やエラー、および通知メッセージが表示されます。
オプション	QNAP NAS本体の再起動やシャットダウンコマンドの他にオプションとして、壁紙の変更やパスワードの変更などの機能があります。
その他	QTSの言語設定やWebブラウザのタブモードやフレームモードなどの設定ができます。
ダッシュボード	システムの健康状態やハードウェア情報、リソースモニタなどの表示がビジュアルに表示されます。
デスクトップ領域	デスクトップスペースに、コントロールパネルやFile Station、ユーザ、ストレージマネジャなどのアイコンが表示される領域です。
ネットワークごみ箱	ネットワークドライブのファイルに対して、ゴミ箱機能を利用できます。
デスクトップページ切り替え	デスクトップページの切り替えボタンです。
myQNAPcloud	myQNAPcloud リモートアクセスサービスに関する各種設定や制御が可能です。
QNAP ユーティリティ	「Qfinder Pro」や「Qsync」などの各種QNAPユーティリティをインストールするためのアクセスボタンです。
フィードバック	「QNAP wiki」、「QNAP Forum」、「お客様サービス」などへアクセスできます。
ヘルプ依頼	ヘルプディスクにアクセスできます。

Fig.3-01

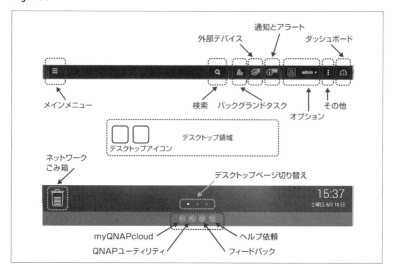

3-1-3　各種ネットワークサービスに対応

　QNAP NASのQTSは、WindowsやMac、Linuxなどの接続に必要な各種ネットワークサービスに対応しています。

■ Microsoftネットワーク対応

　Microsoftネットワーク対応は、Windows 共有(CIFS/SMB)と互換性のあるNASとしてのファイル共有に関する基本機能です。LinuxをベースにしたSMBのファイルシステムですが、Windowsネットワークの共有フォルダの設定や各ディレクトリおよびファイルへのアクセスが可能です。SMBの互換性については、SMBVer1.0、Ver2.0、Ver2.1、Ver3.0に対応していますので、Windows Serverと同じように遜色なく安心して利用できます。

■ Appleネットワーク対応

　Appleネットワーク対応は、AppleコンピュータのAFS (Apple Filing Protocol)と互換性のあるファイル共有機能です。Appleコンピュータからネットワークへのファイルアクセスを行う場合は、このモードを利用してくだ

さい。AFSを有効にすることで、Appleコンピュータのバックアップ機能「Time Machine」がQNAPのNAS上で利用できます。

■ NFSサービス対応

NFSサービス対応は、主にLinuxシステムとの互換性があるファイル共有機能です。NFSサービスモードを有効にすることで、CentOSやUbuntuなどのLinux系システムからのアクセスが可能なほか、VMwareやそのほかの仮想化システムからのファイルアクセスが可能となります。

3-1-4 充実したセキュリティ機能

QNAP NASを安全に運用するために必要な暗号機能や認証機能、アクセス制御機能などの充実したセキュリティ機能が実装されています。これらQTSのセキュリティ機能を利用することは重要です。NASの運用を開始する前にセキュリティの機能について理解を深めましょう。

■ ディスク暗号機能のサポート

QNAPに搭載されたディスク暗号機能は、QNAP本体が盗難にあった場合でもデータを安全に保護してくれる便利な暗号システムです。また、ハードディスクが暗号化されていても普段のディスクと同じように暗号処理を忘れてしまうほど、気軽に利用できます。

QNAPの暗号機能は、比較的セキュリティの甘いブランチオフィスや営業所などにQNAPを設置した場合に威力を発揮します。暗号モードをセットした状態で運用することで、万が一QNAPの盗難事件が発生した場合でも、QNAPに保管されていたデータは、安全に保護されます。例えば、ハードディスクだけを抜き出して解析しても既に暗号化処理されていますので安心です。

QNAPの暗号機能は、NASの起動時に保存された暗号化パスワードを使用して、ディスクボリュームのロックを自動的に解除する方式と、NASの起動時に管理者としてログイン後、暗号化パスワードを毎回入力することでディスクボリュームのロックを解除する方式を選択できます。

QNAPに採用されている暗号モジュールは、最高レベルの暗号化強度を有するAES-256bitに対応した暗号アルゴリズムを採用しています。これ

らの暗号機能を利用することで、QNAP NASシステム全体が盗まれた場合でも、不正なアクセスや不法行為から重要な機密データを保護します。

Fig.3-02　QNAP本体の再起動時におけるディスクのロック状態

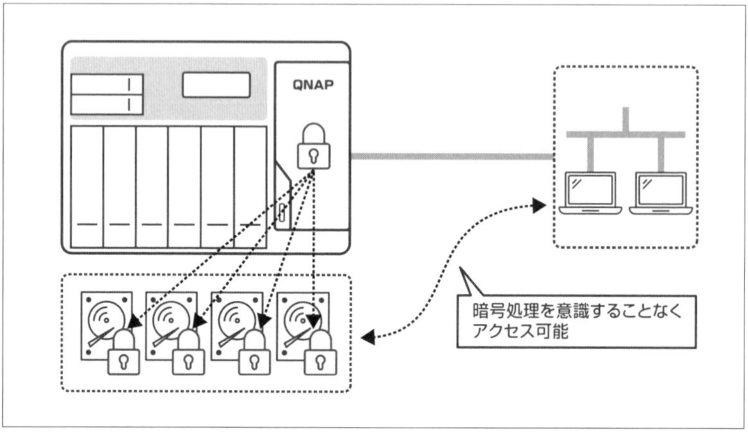

■ 暗号通信機能（暗号化アクセス）

QNAP NASの安全な接続とデータ転送のために、SSHとSSLの暗号通信プロトコルがサポートされています。SSH接続によるリモート管理機能をサポートしたことで、遠隔地のリモート環境からでも安全なプログラミング開発やトラブルシューティングなどの対応が可能です。

また、Webブラウザを利用したQNAP NASのコンソール画面へのアクセスによっても、HTTPから安全性の高い通信プロトコルのHTTPS (SSL over HTTP)に切り替えたアクセス許可を設定できます。

さらにQNAP NASのバックアップ機能では、安全なファイル転送の通信プロトコルとして、SFTP (SSH File Transfer Protocol)をサポートしています。SSHの通信プロトコルを採用したファイル転送の実装により、インターネットの回線を利用した低コストのネットワーク回線でもデータの機密性と完全性が確保されたデータ転送が可能です。QNAP NASの暗号通信機能は、Rsyncバックアップ（SSHによる暗号化）やRTRRバックアップ (SSLによる暗号化)などで採用されています。

Fig.3-03

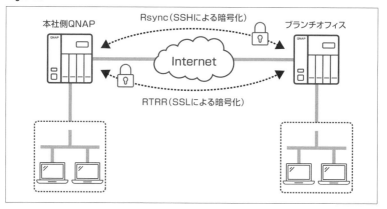

■ 2段階認証機能のサポート

　管理者パスワードの保護はとても重要で、厳格な管理が必要です。管理者パスワードが不正に奪取され、悪用されると重要な機密情報の漏洩だけでなく、データの破壊行為といった深刻な問題にまで発展する恐れがあります。

　そのために、QTSの管理者設定では、2段階認証として、広く採用されているGoogle Authenticationが利用可能です。Google Authenticationを利用することで、管理者パスワードの認証がスマートフォンを使った2段階認証になり、厳格に管理運用できます。

　設定は、画面（Pic.3-02）のように、デスクトップのオプションから設定します。スマートフォンでパスワードを確認してから（Pic.3-03）、QTSのログイン画面（Pic.3-04）で、スマートフォンで表示されたパスワードを入力します。

Pic.3-02

Pic.3-03

Pic.3-04

Chapter.3 QNAPの基本ソフトウェアQTSの機能と拡張性

3-1-5 ランサムウェア対策機能

　ランサムウェア対策とは、最近猛威を奮っているマルウェアの1種であるRansomware（ランサムウェア）への安全対策です。ストレージに保管されている全データへの破壊脅威からデータを保護します。ランサムウェアは、別名「人質ウイルス」あるいは「身代金要求ウイルス」と呼ばれているマルウェアです。この種のマルウェアに感染すると、感染したパソコンだけでなく、ネットワークにつながっているすべての機器に対して、悪影響を与えます。これらのマルウェアに対する最善の予防策としては、データのバックアップによるデータの復元機能やデータの保護対策があります。

■ ランサムウェアによる被害

　ランサムウェアの感染によるコンピュータシステムへの悪影響は、広範囲にわたり、被害は甚大です。ランサムウェアの感染経路としては、Webサイトやメールなどの添付ファイルに仕込まれた不正なプログラムが大半ですが、USBメモリによる持ち込みもあります。一度マルウェアに感染すると感染したパソコンのすべてのデータが暗号化された上にデータの復旧に必要な復号鍵と引き換えに身代金が要求されます。コンピュータウイルスと同じように感染したパソコンから、次々と被害を拡散する働きがあります。つまり、一度感染したパソコン本体から今度は、さらにその先のパソコンやサーバに対してネットワーク環境を利用したアクセス可能なデータに対して暗号化の処理が行われます。広範囲のパソコンやサーバに保管されているデータが暗号化されると大きな損失を招く恐れがあります。

3-1 QNAP NAS、QTSの基本

Fig.3-04

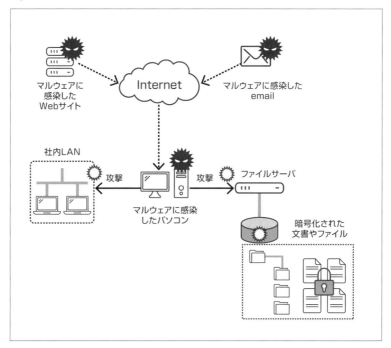

■ 強力なバックアップ機能

　QNAPには、これらマルウェアに感染した場合であっても強力なバックアップシステムとして、スナップショット方式によるファイルのバックアップ機能が標準で搭載されています。スナップショットのバックアップ機能をフル活用することで、予期せぬ攻撃から防御できます。ウイルス感染による予期せぬファイル暗号が始まってもあらかじめバックアップデータを取得していれば、バックアップデータから正常なファイルを復旧させられます。

　企業内の重要文書の脅威は、これらウイルス感染による破壊だけでなく、天変地異による災害の脅威やハードウェアの故障トラブル、人的ミスによるデータ破壊などもあります。企業経営への事業継続を維持するためにもデータのバックアップシステムは重要です。

43

3-1-6　適切なアクセス制御

QNAP NASの標準的なファイルサーバとしてのアクセス制御は、Web UIベースのFile Stationを利用することで、適切に制御できます。例えば、ユーザやグループの作成、共有フォルダの作成、共有フォルダへのグループ設定、ユーザ設定などがブラウザ操作で簡単に制御できます。特に複数台のファイルサーバを統合的に管理運営する上で重要な各種ディレクトリサービス（Windows AD、LDAPディレクトリ）との連携も可能なことから、大規模なエンタープライズ環境におけるアクセス制御も可能です。

Pic.3-05

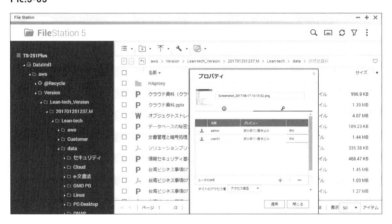

3-1-7　Windows ADの機能とWindows Serverとの共存

QNAP NASには、Microsoft社のActive Directoryとの連携機能が搭載されています。Active Directoryドメイン環境に複数台のQNAP NASを参加させられます。Active Directoryサーバに登録されているユーザアカウント情報は、それぞれのQNAP NASに複製されますので、QNAP NASを複数台導入した場合、アカウント情報をActive Directory配下で一元的に管理・運用できます。

Fig.3-05

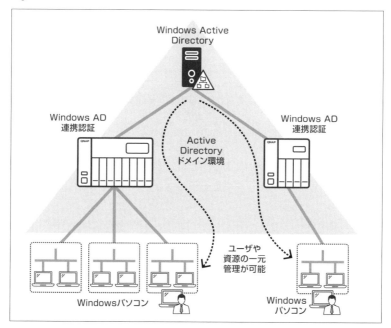

■ 高度なフォルダ権限設定のサポート

「高度なフォルダ権限」を「有効」にすることで、File Stationから直接サブフォルダの権限を設定できます。ただし、下位フォルダの第1または第2レベルまでの制限があります。「フォルダの詳細権限」が有効になっているときは「共有フォルダ」タブの「共有フォルダのアクセス権限の編集」アイコンをクリックし、「ユーザとグループのアクセス権限」を選択します。すると、下位フォルダのアクセス権限を設定できます。

■ Windows ACLのサポート

「Windows ACL」の機能は、「有効」にすることで、Windowsパソコンのファイルエクスプローラから、サブフォルダや各種の権限を設定できます。Windows ACLの詳細な動作については、Windowsシステムとの互換性がありますので、Microsoft社のNTFSの権限設定を参照してください。

サブフォルダおよびファイルへの権限設定は、共有レベルの権限設定で、フルコントロールをユーザまたはユーザグループに付与する必要があります。

■ 高度なフォルダ権限設定とWindows ACLの関係

高度なフォルダ権限の設定とWindows ACLは、それぞれの「有効」、「無効」の組み合わせにより、アクセス権が影響します。

Tbl.3-2

拡張フォルダ許可	Windows ACL	影響するアクセス権および設定方法
設定	有効	無効	File Stationのプロパティ画面および共有フォルダによるアクセス権の設定が有効
設定	無効	有効	Windowsファイルエクスプローラからのアクセスに切り替えることで、共有フォルダのルート及びサブフォルダへの権限設定が有効
設定	有効	有効	File Stationによるプロパティ画面および共有フォルダによるアクセス権の設定は、ルートのみ有効。サブフォルダへの権限設定は、Windowsファイルエクスプローラからのアクセスに切り替える必要があります。

3-1-8　iSCSIドライブのサポート

QNAP NASには、仮想化技術を支えるストレージシステムとして、iSCSI（Internet Small Computer System Interface）に対応した、VAAI for iSCSIとVAAI for NASをサポートしています。VMwareやHyper-Vなどから使えるiSCSIストレージとしての活用が可能です。また、VAAI for iSCSIでは、完全コピー機能やブロックのゼロ化、ハードウェアアシストロック、スペース再利用のあるシンプロビジョニングなどをサポートしています。

Fig.3-06

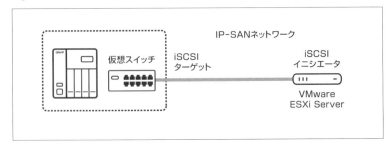

3-1-9　myQNAPcloudによるネットワーク接続

　QNAP社は、リモートアクセスに必要な便利なクラウドサービスとして、myQNAPcloudやダイナミックドメインサービス (DDNS) など、さまざまなリモートアクセスサービスが提供されています。myQNAPcloudを利用することで、外出先あるいは、ホテルからでも自宅やオフィスに設置したQNAP NASにいつでも安全にアクセスできます。

■ CloudLinkとは

　CloudLinkは、myQNAPcloudにて提供されているリモートアクセスサービスです。myQNAPcloud (https://www.myqnapcloud.com) にアクセスすることで、外部インターネットからイントラネット内に設置されたQNAP NASに接続できます。

　イントラネット内のルータやファイアウォールの設定が不要な上に安全性にも優れた特長があります。CloudLinkは、インターネットへのアクセスが内部 (イントラネット) から外部への接続が可能であればそれだけで利用できます。

■ モバイル環境からのアクセス

　外部 (モバイル環境) から内部 (イントラネット) へのQNAP NASにアクセスするには、専用アプリケーション「CloudLink」をWindowsパソコンにインストールすればアクセス可能です。CloudLinkを起動し、メニューからmyQNAPcloud ID (QID) でサインインするだけで簡単にQNAP NASに接続できます。

　QNAP NASには、リモート接続用に便利な「myQNAPcloud」サービスが用意されていますので、数名の小規模なリモート接続であれば、低コストで最も手軽なリモート接続システムです。「myQNAPcloud」を利用すれば、高価なVPN装置や特別なFirewallの設定も不要なので、低コストで誰にでもすぐにでも使える便利なリモート接続機能です。

Pic.3-06

■ myQNAPcloud経由でアクセス設定

myQNAPcloud経由でアクセスする場合は、安全性向上のためにすべてのサービスを公開しないでください。また、アクセスコントロールでは、「パブリック」から「プライベート」に変更してください。そうすることで、検索不可能となり、myQNAPcloudにサインインした場合（QIDとパスワード）のみで、QNAP NASにアクセスできます。

Pic.3-07

3-1-10　ダッシュボード・リソースモニタ

QNAP NASのシステムの健康状態を示すダッシュボード・リソースモニタは、QNAP NASの稼働状況やシステムリソースの使用率を確認でき

る便利な管理ツールです。例えば、平均CPU使用率やメモリ使用率、ネットワーク使用率など、現在の使用率をグラフでわかりやすく表示してくれます。QNAP NASのパフォーマンスが低下したと感じたら、まずはリソースモニタを確認してみましょう。何らかの原因がわかるかもしれません。

Pic.3-08

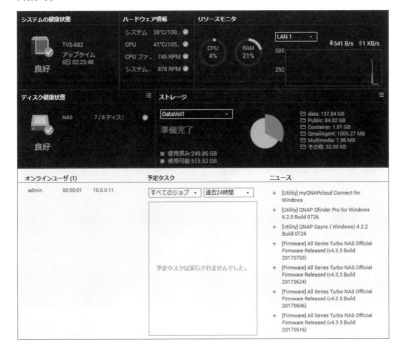

3-2 コントロール・パネル機能

　QTSの基本的なコントロール・パネルについて解説します。QTSのコントロール・パネルには、「システム」、「特権」、「ネットワークサービスとファイルサービス」、「アプリケーション」の4つで構成されています。各種機能概要について解説します。

Chapter.3 QNAPの基本ソフトウェアQTSの機能と拡張性

Pic.3-09 コントロール・パネル

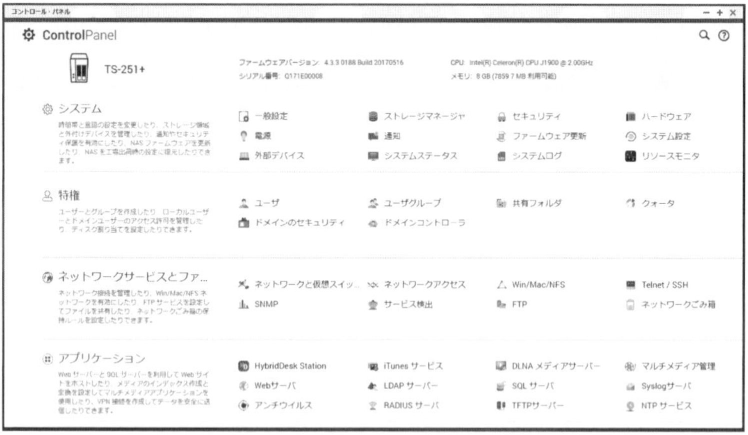

3-2-1 システム

システムには、QNAP NASのハードウェア本体に関する設定が集約されています。ここでは、ストレージの管理や電源、システム設定など、最も重要な機能の設定を行います。

■ 一般設定

一般設定は、QNAP NASのサーバ名の定義やシステムポートの設定、時刻の設定、ログイン画面などの設定を行います。一般設定で最も重要な設定機能の1つが時刻設定です。時刻同期がズレしまうとデータバックアップにおける不整合や誤消去問題などが発生する恐れがあります。時刻同期は、必ずNTPサーバから自動的にインターネットサーバと時刻同期するように設定してください。

3-2 コントロール・パネル機能

Pic.3-10 一般設定

■ ストレージマネージャ

　ストレージマネージャは、QNAP NASのストレージに関する設定を行います。ハードディスクの追加やディスクの健康状態など、ストレージに関する設定や、iSCSI、リモートディスクなどの接続設定なども行えます。QNAP NASの初期状態では最も重要な管理機能ですが、日常業務ではほとんど操作することはありません。日常業務で注意しなければならないのは、ストレージの空き容量です。ストレージの空き容量については、閾値設定を行え、閾値を超えた段階でアラートを出すように設定できます。

Pic.3-11 ストレージマネージャ

■ セキュリティ

セキュリティは、QNAP NASのセキュリティレベルやネットワークアクセス保護、パスワードポリシなどの設定が可能です。QNAP NASを安全に運用管理するための重要な機能が集約されていますので、企業の重要な機密情報が保存されている場合や遠隔地のリモートオフィスなどに設置する場合など、QNAP NAS本体のセキュリティを高める場合に設定します。例えば、QNAP NASへの接続許可・拒否IPアドレスの登録やSSL証明書の管理、SSHからの接続における不正アクセスブロック制御などの設定を行うことで、QNAP NASの安全性を高められます。

Pic.3-12 セキュリティ

■ ハードウェア

ハードウェアは、コンフィギュレーションセットスイッチの有効性の設定やオーディオ・アラートの設定、スマートファンなどの設定を行います。特に重要なのがコンフィギュレーション設定です。このモードを有効にすることにより、不測の事態にも対応できます。例えば、ネットワークアクセスの仮想スイッチモードの設定を誤って設定してしまったことでネットワークへのアクセスができなくなった場合やadminのパスワードを忘れてしまった場合などのときに回復させることができます。

3-2 コントロール・パネル機能

Tbl.3-3

リセットボタン押下時間	動作内容
3秒	工場出荷状態に戻します。データは保持されます。 管理者パスワードのリセットとVLANの設定の無効化 DHCP経由によるIPアドレスの取得
10秒	上記3秒の工場出荷に戻すと同時にユーザおよびグループ設定やアクセス制御などがクリアにされ、すべてのデータへのアクセスが可能となります。すべての設定が初期化されるだけで、データは保持されます。

Pic.3-13　ハードウェア

■ 電源

電源の設定は、QNAP NAS本体の電源に関する設定を行えます。例えば、EuPモードのコンフィグレーション、ウェイク・オン・ラン(WOL)や電源復旧、電源スケジュールなどです。電源設定で最も便利な機能が電源スケジュールです。このモードを設定することで、QNAP NASの電源を毎日深夜に停止し、翌朝7時に起動させるといった電源スケジュールの設定が可能です。

53

Pic.3-14

■ 通知機能

通知機能は、QNAP NASで発生したさまざまな障害や警告などを電子メールやSMSなどのサービスを使って、通知させられます。電子メールやプッシュサービスを利用するのであれば、無料で利用できます。さらにSMSを利用して通知を受ける場合は、有料サービスへの加入が必要です。

Pic.3-15

3-2 コントロール・パネル機能

■ ファームウェア更新

　QNAP NASのファームウェア更新に関する設定です。更新の確認にチェックを入れるとログイン時に使用可能なファームウェアの更新があれば、更新の通知をしてくれます。また、ファームウェアのバージョンを強制的にアップグレードしたり、ダウングレードしたりできます。意図的にファームウェアを更新する場合は、「ファームウェアの更新」から、更新ファイルを指定して更新してください。各種ファームウェアのファイルは、QNAPのサイトにて公開しています。

Pic.3-16　ファームウェア更新

■ システム設定機能

　システム設定は、QNAP NASの運用で最も重要な機能の1つです。特に重要なのは画面（**Pic.3-17**）の工場出荷設定の復元です。工場出荷時設定には3種類用意されていますので、それぞれの機能を理解した上で実行してください。

Pic.3-17 システム設定

□ 設定のバックアップ / 復元

「設定のバックアップ/復元」は、QNAP NAS に設定されたユーザアカウントやサーバ名、ネットワーク設定などをバックアップした状態で復元させられます。

□ 工場出荷初期値の復元とボリュームのフォーマット

「工場出荷初期値の復元とボリュームのフォーマット」は、システム設定を工場出荷状態となるデフォルト値に戻して、すべてのディスク・ボリュームを初期化します。

□ 設定リセット[注1]

「設定リセット」は、ユーザアカウントやサーバ名などは、初期化せずに、ネットワーク設定などのシステム設定を初期値に戻します。ネットワーク設定で、VLANの設定やIPアドレスの設定などを誤って設定した場合にQNAP NASへの接続ができなくなりますので、そのような場合にこのモードを選択すると便利です。

□ NASの再初期化

「NASの再初期化」は、すべてのデータを消去してNASを再初期化します。

注1 そもそもネットワーク設定に誤りがあるとコンソールへの接続も困難になります。そのような場合は、リセットボタンを押してください。リセットボタンの機能解説は「Chapter.4 4-3-4 リセットボタン操作」を参照してください。

■ 外部デバイス

外部デバイスは、QNAP NASにUSBで接続された外部デバイスの接続と取り出し、設定などが行えます。外部デバイスとしては、USBメモリやハードディスク、DVD、プリンタ、UPS(無停電電源装置)などが接続できます。

Pic.3-18　外部デバイス

■ システム・ステータス

システム・ステータスは、システム情報、ネットワーク状態、システムサービス、ハードウェア情報などの状況を確認できます。システム上の異常を感じたらシステム・ステータスを確認することで、原因の切り分けが可能になります。

Chapter.3 QNAPの基本ソフトウェアQTSの機能と拡張性

Pic.3-19 システム・ステータス

■ システムログ

　システムログは、QNAP NASのすべてのイベントを管理・保存してい
ます。NASが正常に動作しなくなった場合やセキュリティ上の問題が発
生した場合は、システムログを解析することで、原因の切り分けが可能に
なります。例えば、バックアップが正常に稼働していなかった、ネットワー
ク接続にエラーが発生していなかったなどがログに記録されています。ま
た、セキュリティ監査などで重要なファイルのアクセスに関する監査ログ
としても利用できます。

Pic.3-20 システムログ

3-2 コントロール・パネル機能

■ リソースモニタ

リソースモニタは、QNAP NASのCPU使用率やメモリ利用率、ネットワーク使用率などのシステムリソースがリアルタイムで確認できます。QNAP NASの異常を感じたら、このリソースモニタを確認することで、システム分析と性能評価を行い、原因の特定と切り分けなどができます。

Pic.3-21　リソースモニタ

3-2-2　ネットワークサービスとファイルアクセス設定

ネットワークサービス設定は、TelnetやSSH、SNMPなどの各種ネットワークサービスの設定を行います。ネットワーク仮想スイッチの設定は、Chapter.8に詳しく解説します。

■ ネットワークアクセス

ネットワークアクセスでは、サービスバインディング、Proxy、DDNSサービスの3つの設定を行えます。

□ サービスバインディング

これを有効化することで、NASサービスを1つ以上の利用可能なネットワークインターフェースに接続させられます。

サービスバインディングが無効の場合、すべてのNASサービスが有効

59

となり、すべてのネットワークインターフェースに適用されます。普段このサービスを気にすることは少ないのですが、QNAP NASをインターネットに公開する場合に設定を有効にしてください。そうすることで、不要なサービスをネットワーク上に公開する心配がありません。

Pic.3-22

- Proxyの設定

イントラネット内にProxyサーバ経由で接続する場合に設定してください。また、認証機能付きのProxyサーバの場合は、ユーザIDとパスワードの設定が必要です。

Pic.3-23 Proxy設定

□ DDNSサービス設定

DDNSサービスは、QNAP NASをインターネットに接続する場合に設定してください。DDNSサービスを利用することで、固定IPを使わないダイナミックIPアドレスのサービスでもドメイン名によるアクセスが可能になります。

Pic.3-24

■ Windows/Mac/NFS設定

□ Microsoftネットワーク

Microsoftネットワーク向けのファイルサービスの設定です。通常は有効にしてください(**Pic.3-25**)。詳細オプションにはSMBのバージョン設定が可能です。通常は「SMB 2.1」で利用してください(**Pic.3-26**)。

Pic.3-25

Pic.3-26

☐ **Appleネットワークの設定**

　Appleネットワークを有効にする場合に設定してください。Macコンピュータでも SMB の通信プロトコルが標準でアクセス可能なため、必ずしも必要というわけではありませんが、Time Machine を利用する場合は、この AFP が自動的に有効に設定されます。

3-2 コントロール・パネル機能

Pic.3-27　Appleネットワーク

□ NFSサービスの設定

NFSサービスは、Linux向けのファイルサービスの設定です。NFSの設定では、NFSのバージョンの設定が可能です。

Pic.3-28

■ Telnet / SSHの設定

TelnetやSSHの設定を有効にすることで、QNAP NASにTelnetやSSH経由でアクセスできます。さらにアクセス権の設定では、アクセス可能なユーザを設定できます。デフォルトはadminが設定されています。

Pic.3-29

■ SNMPの設定

SNMPは、「Simple Network Management Protocol」の略で、ネットワーク監視を行うための通信プロトコルです。SNMPを利用することで、監視対象機器(サーバやネットワーク機器など)のCPU使用率、メモリ使用率、ディスク使用率などのパフォーマンス情報を取得できます。

Pic.3-30

■ サービス検出

□ UPnPディスカバリサービス

「UPnPディスカバリサービス」を有効にすると、UPnPがサポートされ

ているオペレーティングシステムでNASが検出され、通信できます。ただし、最近ではセキュリティ上の問題が指摘されていますので、使わない方がよいでしょう。

Pic.3-31

□ Bonjour

「Bonjour」は、ゼロコンフィギュレーション・ネットワークとも呼ばれ、IPアドレスの入力やDNSサーバの設定なしでも、IPプロトコルを使用して、デバイス同士がお互いを自動的に検出できるようになります。

Pic.3-32

■ FTPサービス

FTPサービスが必要な場合に有効にしてください。一般的なFTPプロトコルに加えて、拡張版「FTP over SSL/TLS(Explicit)」による、SSLまたはTLSによる暗号化プロトコルを使用できます。

Pic.3-33

□ FTPサービス「詳細設定」

FTPサービスの詳細設定では、FTPサービスを公開する場合に必要となるパッシブモードなども設定できます。

Pic.3-34

3-2 コントロール・パネル機能

■ ネットワークごみ箱

ネットワークのゴミ箱を有効にするとWindows環境からアクセスした共有フォルダのデータであってもごみ箱が有効になります。通常Windows Serverによる共有フォルダには、ごみ箱機能がないので、ファイル削除と同時に復元不可能状態となりますが、QNAP NASの共有フォルダについては、いつでもごみ箱からファイルを取り出せます。

Pic.3-35 ネットワークごみ箱設定

3-3 App Centerによるアプリケーション拡張機能

QNAP NASの拡張機能として、App Centerによる豊富なアプリケーションの追加機能が提供されています。QNAP社が開発したオリジナル・アプリケーションはもちろんのこと、QNAP社以外のサードパーティの提供によるさまざまなアプリケーションや開発言語、バックアップツール、ウイルススキャンシステムなどが多数提供されています。App Centerの代表的なアプリケーションについて紹介します。

Pic.3-36

3-3-1 Qsirch

Qsirch は、QNAP 社が開発したNAS専用の高性能検索エンジンです。Qsirchを利用することで、QNAP NASに保管されている全ファイルを検索し、目的のファイルを見つけ出せます。その操作性は、まるでGoogle検索ツールのような感覚で、探索中のファイルをサムネイル表示させたり、プレビュー表示させたりすることで、目的のファイルを簡単に探し出せます。さらにQsirchには、30以上の検索条件 (コンテンツ、修正日、ファイルパスを含む) を使って目的のファイルを検索できます。

Pic.3-37

■ アクセス権設定に基づく検索

　Qsirchの検索機能は、QTSのユーザアカウントと共有フォルダのアクセス権を連動させて検索結果を表示しています。全文検索による全データの探索は、管理者権限で処理されますが、プライバシーに関する適切なアクセス権が保護された状態で表示されます。つまり、検索結果にはユーザごとに許可されているファイルに限定して表示されるという安心設計です。

■ フィルター機能

　フィルター機能は、詳細フィルターおよび検索タグ「含む」および「除く」のタグを選択することで、検索結果を簡素化できます。

■ フォルダ除外機能

　フォルダ除外機能は、特定のフォルダを検索対象から除外できます。例えば、検索ノイズとなるようなフォルダや機密性の高いフォルダなどをQsirchの検索対象から除外することで、リストに表示されなくなります。

■ サムネイル表示機能

　Qsirchによる検索結果は、画面（**Pic.3-38**）のように、画像、動画、およ

びPDFファイルをサムネイル表示による画像探索が可能なほか、サムネイルデータをクリックすることで、プレビュー表示させられます。

Pic.3-38

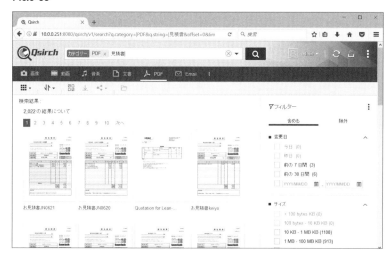

■ PDFプレビュー表示

プレビュー表示が閲覧可能なファイル（PDFファイル）であれば、小さなサムネイル画像とは異なり、ファイルの内部まで、閲覧できます。PDFのプレビュー機能を利用することで、PDFの詳細内容まで閲覧し、確認できます。

3-3 App Centerによるアプリケーション拡張機能

Pic.3-39

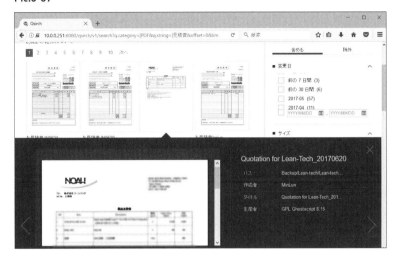

■ Qsirchの稼働環境

QNAP NASでQsirchを利用するには、最小2GB RAM以上のメモリを搭載した機種から使えます。ただし、最適な検索性能を得るには、4GB RAM以上の機種での利用をお勧めします。

Chapter.3 QNAPの基本ソフトウェアQTSの機能と拡張性

Chapter.4

QNAP のインストール
作業と初期設定

4-1 QNAPの初期準備作業

　一般的なオフィス環境を想定した、タワー型のQNAPのインストール作業を解説します。本書では、オフィス環境に最適な4ドライブ・ベイタイプの機種を使って、実機による画面キャプチャ中心に解説します。

Fig.4-01 4ドライブ・ベイ

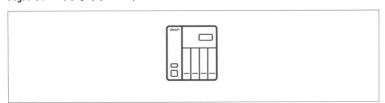

　QNAPのインストール作業は、とても簡単です。ハードディスクとネットワーク環境の準備が完了すれば、すぐにでもインストールできます。最初にインストールに必要な機材の準備から始めましょう。

　QNAPのOS（QTS）は、エンタープライズから、ホームユースまで、多少の違いはありますが、全機種同じ操作画面で作業できます。ハードディスクの装着やディスクの初期化、ネットワーク設定に至るまで、最低限必要な基本設定について、ステップごとに解説を加え、操作していきます。

4-1-1　ディスクドライブの特徴

　QNAPは、ユーザが本体装置とは別にディスクドライブを購入して組み上げるキットタイプのNASシステムです。ディスクドライブが最初から装着した状態で販売されている国産のNASメーカとは違って、自分でディスクドライブを購入することが前提条件となっています。キットタイプの優れている点は、好みのディスクドライブのメーカや容量の選択が可能なことです。例えば、オール3.5インチハードディスクの3TBによる大容量ストレージ構成やオール2.5インチSSDのフラッシュディスクによる高速ストレージシステムなどの構成が自由自在です。さらには、1台だけ、リードキャッシュ用として、SSDを組み合わせることも可能です。

QNAP用のディスクドライブを購入する際には、QNAP社側で動作検証済みの適合リストに掲載されたドライブを確認することが重要です。適合リストは、QNAP社のホームページにて公開されていますので、適合リストを確認しながら、好みのドライブを選んでください。

Fig.4-02

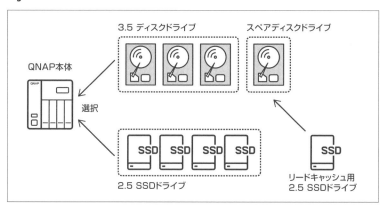

4-1-2　ディスクドライブの選定

3.5インチのディスクドライブの選定基準で最も重要なのは、必ず「NAS用」と書かれているタイプを選定することです。なぜなら、ディスクドライブを複数台並べて装着すると、お互いのディスクドライブが回転振動によって干渉問題を発生させるためです。

QNAPのNASに用いるディスクドライブは、SATAタイプの内蔵ハードディスクを利用しますが、一般的なパソコン用のハードディスクでは、複数台のハードディスクを並べて使うことを前提にしていません。そのため、ディスクアレイタイプのハードディスクは、「NAS用」と書かれた専用のハードディスクを選定する必要があります。

回転振動センサーを搭載しているNAS用のディスクドライブを装着すれば、複数台のディスクドライブを並べた場合でも、ディスクドライブの振動を読み取り、ヘッドの読み書き処理が適切に動作するように調整する機能が搭載されていますので安心です。

Fig.4-03 NAS専用のディスクドライブの内部構造

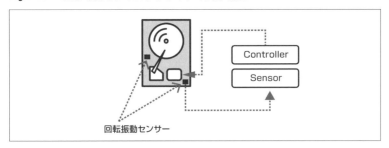

4-1-3 ディスクドライブの準備

　標準的なRAID5（3台）+ホットスペア・ディスクドライブ（1台）の構成、合計4台のハードディスクドライブによるNASを組み立てます。QNAPのサイトに掲載されている適合機種リストから適合する3.5インチのディスクドライブを4台準備してください。

Fig.4-04

4-1-4 ディスクドライブの装着

　ディスクドライブのドライブ・ベイの装着は、専用のドライブトレイにビス止めで固定するタイプやビス止めが不要なブラケットタイプの2種類に分類できます。
　それぞれのディスクドライブの装着方法は画面（**Pic.4-01**、**Pic.4-02**）を参照してください。

Pic.4-01　ビス止めタイプ

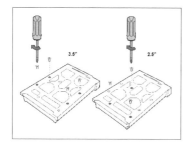

Pic.4-02　ブラケットタイプ

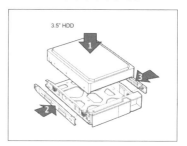

4-2　ディスクアレイの仕組みとストレージ構成

　ストレージシステムを構築する前にディスクアレイの基本的な仕組みを理解することが必要です。安全で信頼の高いストレージシステムを構築するために複数台のディスクドライブを束ねて、ディスク容量の拡張による大容量化やパリティディスクによる冗長化、分散処理による高速処理など、ディスクアレイによる高性能なストレージシステムを構築しましょう。

4-2-1　ディスクアレイの基本的な仕組み

　ディスクアレイの基本的な構成で、RAIDと呼ばれているストレージ技術があります。RAIDとは、Redundant Array of Inexpensive Disks（低コストディスクの冗長配列）の略で、複数のハードディスクにデータを分散し記録することで、性能の向上と耐障害性を確保するための技術です。RAIDの技術は、RAID0～6まであり、さらに組み合わせによるRAID10、50などといった方式があります。本書では、実用的で最も多く利用されているRAID1,5,6とRAID0,10について説明します。

■ RAID0

　RAID0は、別名ストライピング方式とも呼ばれ、2台のディスクに分散させて配置する方式です。2台に分散することで、高速処理が得られるメリットがあります。ディスクの容量を2倍に拡張できるメリットも得られますが、1台のディスクに障害が発生した場合、システム全体へのディス

クエラーとなるため、信頼性の低い方式といえます。ディスクの信頼性を考えれば、RAID0を単体で利用することはほとんどありませんが、RAID1との組み合わせによるRAID10であれば、高速処理と信頼性が得られます。

Fig.4-05

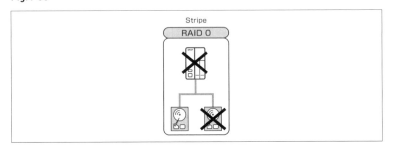

■ RAID1

RAID1は、別名ミラーリング方式とも呼ばれ、2台のディスクで同じデータを冗長で配置する方式です。2台のディスクに同じデータが記録されることから、1台のディスクで障害が発生しても片方のディスクで補完稼働できます。RAID1であれば、ディスクに障害が発生した場合であっても、システム全体に影響を与える心配がありません。比較的簡単な操作で、ディスクの冗長配置が可能なことから、最も多くのサーバシステムで標準的に採用されています。ただし、ディスクの容量は、2台で構成しても1台分となるため、コストは2倍になります。

Fig.4-06

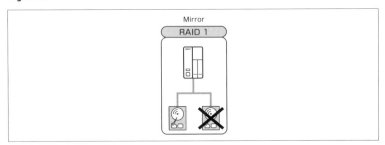

■ RAID5

RAID5は、別名パリティ付きストライピング方式と呼ばれるディスク
の配置方式です。最低3台以上のハードディスクで構成され、複数台のハー
ドディスクにデータとパリティ情報が同時に分散して書き込まれます。
RAID5は、複数台のハードディスクにデータを書き込むことから、高速
化と耐障害性の両方を確保した理想的なディスクアレイ方式です。

さらに複数台のディスクを追加して束ねることで、大容量のストレージ・
アレイを構築できます。ただし、RAID5は、パリティ情報がディスク1台
分となるため、1台のハードディスクに障害が発生した場合、ディスクの
交換タイミングに大きなリスク問題を抱えています。

□ RAID5障害対策

RAID5は、1台でもディスク障害が発生するとRAID0と同じ状態になる
ため、時間的な余裕がありません。続けて2台目のディスクに障害が発生
するとその時点で、システム障害となり、システムは停止します。そのた
めにもRAID5の場合は、ディスク交換が最優先の緊急対応となります。

そのような緊急対応を避けるためにもRAID5でディスクアレイを構築
する場合は、予備のディスクを事前に装備できるホットスペア方式の採用
をお勧めします。ホットスペア方式であれば、ディスクに障害が発生した
時点で、自動的に障害ディスクを切り離し、事前に準備していたホットス
ペア・ディスクに切り替えて、ディスクの再編成処理を実行します。

□ ホットスペアHDD

図（**Fig.4-07**）からも明らかなようにRAID5は、最低で3台のディスクド
ライブから構成できますが、安全性を考慮するとホットスペアを加えた4
台構成が望ましいです。

Fig.4-07

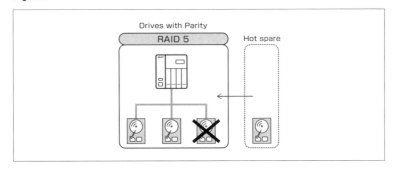

■ RAID6

　RAID6は、別名ダブルパリティ付きストライピング方式と呼ばれるディスクの配置方式です。最低4台以上のハードディスクで構成できます。RAID5と同じ複数台のハードディスクにデータを書き込むことから、高速化と耐障害性の両方を確保した理想的なディスクアレイ方式です。RAID6のディスクアレイ方式であれば、パリティ・ディスクが2台構成となりますので、1台のハードディスクに障害が発生しても、まだ残り1台分のパリティ・ディスクによる運用が可能です。RAID5のようなディスク交換時の緊急対応の問題が発生しないほか、RAID5同様にホットスペアを用意すれば、さらに安心です。

□ 大容量ディスクアレイ

　RAID6は、ディスクを6台、8台といった多数の追加構成で、大容量のストレージアレイシステムを構築することが可能です。例えば、3TBのハードディスクを8台構成すること24TBの大容量のストレージアレイが構築可能です。大容量のストレージアレイを構成するなら、RAID6がお勧めです。ただし、RAID6は、特殊なハードウェアを必要とするため、QNAPの場合、6ドライブ・ベイ以上の大型機種を利用します。

Fig.4-08

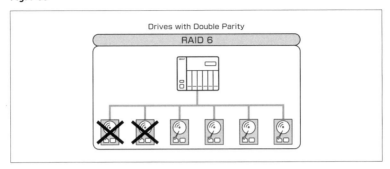

■ RAID10

　RAID10は、RAID1とRAID0を組み合わせたディスクアレイ方式です。RAID1の冗長配置による信頼性とRAID0による高速処理といった両方のよさを活かせたディスクアレイ方式です。手軽に高速性と信頼性が得られることから、RAID6との比較で、悩むことがあります。選択基準として、高速性を活かすなら、RAID10がお勧めです。安定稼働や高信頼性を優先する場合は、RAID6がお勧めです。RAID10の場合、ディスクの容量は、4台構成でも2台分となります。

Fig.4-09

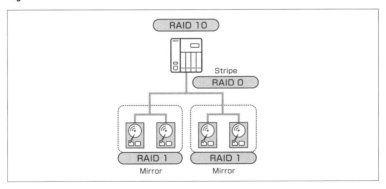

■ RAID構成のまとめ

　RAIDのディスク構成と信頼性および効率をまとめると以下の表(**Tbl.4-1**)となります。この表からも明らかなように、ディスクアレイを

Chapter.4 QNAPのインストール作業と初期設定

組み立てる際に重要なディスク構成と容量の計算式については、RAID方式により異なりますので注意が必要です。

Tbl.4-1

RAID	ディスク構成	効率 (%)	ディスク容量計算例 (100GB DISK)	信頼性	特性
0	2	100	100*2=200GB	×	ディスク容量と高速性は優れているが、信頼性が低い
1	2	50	100*2*0.5=100GB	○	信頼性が高く、シンプルな構成
5	3	67	100*3*0.67=201GB	○	高速性と信頼性に優れているが、故障時のリカバリに問題あり
5	4	75	100*4*0.75=300GB	○	上記特性に加え、効率の良い容量増加が可能
6	4	50	100*4*0.5=200GB	◎	ダブルパリティによる高信頼性
6	6	67	100*6*0.67=402GB	◎	ダブルパリティによる高信頼性と容量増加が可能
6	8	75	100*8*0.75=600GB	◎	上記特性に加え、ディスク容量の効率化と大容量化が可能
10	4	50	100*4*0.5=200GB	○	シンプル構成で、高速性と信頼性を確保

4-3 QNAPの電源装置と基本操作

QNAP本体の電源に関する説明です。日常運用でほとんど意識することのない電源部分ですが、重要なコンポーネントであることは意外と知られていません。QNAPの電源を安全にシャットダウンさせるための基本的な操作を理解しましょう。

4-3-1 機種によって異なる電源装置

QNAPの電源装置は、機種によって4種類のタイプに分類できます。

■ ラックマウント型で採用されている冗長電源

ラックマウント型の電源冗長構成は、同じ電源ユニットを2台並列に動作させてマザーボードに電力を供給しています。1台の電源ユニットに故障が発生した場合でも、もう片方の電源ユニットで電力をカバーし、連続

4-3 QNAPの電源装置と基本操作

稼働を維持します。また、冗長構成の電源ユニットはホットプラグ機構にも対応していますので、サーバが稼働中であっても故障電源ユニットの交換ができるようになっています。また、電源ユニットには個々のACケーブルが用意されていますので、電源系統を2系列に分けて供給できます。IDCセンター内部による電源経路の障害にも対応しています。

Pic.4-03

※注意事項：ホットプラグに対応した電源ユニットであっても電源の交換は、サーバの電源をOFFにしてから行うことが基本です。また、取り外した電源ユニットには、高圧の電流が残っている場合がありますので、感電にも十分注意が必要です。

■ 6ドライブ・ベイタワー型以上の機種で採用されている大型電源

　6ドライブ・ベイタワー型以上の機種には、大型の電源装置が装備されています。タワー型の場合、一般オフィスに設置することから、商用電源に関する品質についても注意が必要です。特に消費電力の大きい装置と同じ電源経路は避けましょう。そのような場所の電源は、電圧変動や瞬電（瞬間的な電源断）に加えノイズなどが発生しますので、トラブルの原因となる可能性があります。

Pic.4-04

83

■ 4ドライブ・ベイタワー型で採用されている中型電源

4ドライブ・ベイタワー型の機種であれば、消費電力も比較的小さいので、小型のUPS装置などが使えます。ただし、小型のUPSには矩形波タイプの機種が多いので、できるだけ正弦波タイプのUPSを採用してください。

Pic.4-05

■ 2ドライブ・ベイタワー型で採用されている小型電源（ACアダプタタイプ）

2ドライブ・ベイタワー型のQNAPは、小型のACアダプタタイプの電源が採用されています。コンパクトサイズなので、パソコンとの電源系統を共有することも可能です。比較的安価なUPSなども利用可能です。

Pic.4-06

4-3-2　UPS(無停電電源装置)の装着

QNAPの電源スイッチを投入する前にUPSを必ず準備してください。QNAPを安定して稼働させるためには、UPSによる無停電電源装置を利用することが重要です。一般的な商用電源は、電圧変動や瞬電(瞬間的な電

源断）に加えノイズなどが発生しますので、トラブルの原因となります。QNAPを安定して運用するためにはUPSは必需品です。

　QNAPの機種によって適合機種が異なりますので、適合機種リストに掲載されているUPSを準備してください。

Fig.4-10　QNAP本体とUPSの接続

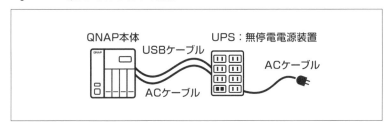

■ ネットワークUPSサポート機能

　QNAPのUPS機能は、1台のUPSに限定した接続ではありません。複数台のUPSが接続された状態の場合、1台のQNAPからほかのQNAPに対して、シャットダウン通知を送信できます。

Fig.4-11　ネットワークUPSサポート機能

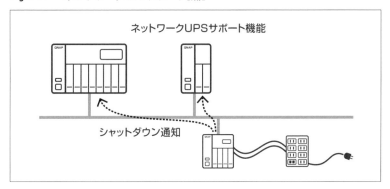

■ UPSを選ぶ際のポイント

　NASとセットで購入するUPSは、電源容量に加え、出力波形についても配慮してください。一般的にUPSには、正弦波と短形波の2種類があり、QNAPで使えるのは、正弦波タイプです。UPSの適合機種については、

QNAP社のホームページを参照して、適合機種を選んでください。

1. QNAP適合リストに載っているもの
2. 電源容量を確認すること
3. 正弦波タイプの機種を選ぶ

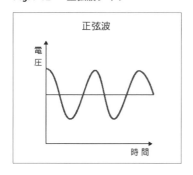

Fig.4-12 正弦波タイプ

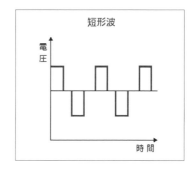

Fig.4-13 短形波タイプ

4-3-3　QNAPの電源ONとOFF

　QNAP本体の電源をONにします。機種によっては、裏側にも電源スイッチが付いている場合がありますので、表と裏両方の電源スイッチをONにしてください。電源スイッチ投入後、約3〜5分程度でシステムが起動します。

■ 電源OFF

　QNAP起動後の電源OFFスイッチは、全面フロントパネルのスイッチを1.5秒間押し続けることで、シャットダウンできます。操作中に「ピー」という音が出たら素早く手を離してください。自動的にシャットダウンが始まります。ただし、誤って3秒以上の長押し操作をすると今度は強制終了となりますので、とても危険です。その場合は、安全なシャットダウンではなく、強制シャットダウンとなり、稼働中であってもいきなり電源がOFFになります。強制シャットダウンを繰り返すとドライブディスクへの損傷、あるいはシステムファイルが壊れて起動できなくなります。

4-3 QNAPの電源装置と基本操作

Fig.4-14 電源スイッチ

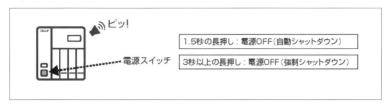

■ **安全なシャットダウン**

QNAPの電源は、電源スイッチの直接的な操作ではなく、必ず管理画面からのメニュー操作でシャットダウンをしてください。最も安全な電源OFFの方法です。

シャットダウンのメニューは、管理者画面にあります。

Pic.4-07 シャットダウン・メニュー

4-3-4 リセットボタン操作

QNAP NASの本体裏側に用意されているリセットボタンを押すことで、QNAP NASの基本的な設定値をリセットできます。例えば、管理者パスワードを忘れてしまった場合やネットワーク設定でミスをした場合などに、リセットスイッチを押すことで、これらの設定をデフォルトに戻せます。

さらに上級者用のシステムリセットでは、データが維持された状態で、すべての設定をデフォルトに戻せます。

87

Tbl.4-2

システム	基本のシステムリセット	上級者用のシステムリセット
全モデル	3秒	10秒
リセット内容	システム管理者パスワード：adminに戻されます。IP addressがDHCP方式に変更され、設定値も初期化されます。VLAN設定が無効となります。	データは維持された状態で、すべての設定をデフォルトに戻します。ユーザ、グープなども消去されます。

4-4　初期ネットワークの設定

　QNAPの本体設置の基本は、DHCP方式とダイレクト接続方式があります。DHCP方式は、全機種に共通した設定方法ですが、DHCP環境がない固定IPアドレス環境の場合など、いくつか最初に注意しなければならない点があります。それらを踏まえて、基本操作と設定作業について解説します。

4-4-1　DHCPネットワークの場合

　QNAPのネットワーク設定では、DHCPネットワークによる自動モードでの基本操作を推奨します。DHCPネットワーク環境であれば、誰にでも簡単にネットワークに接続できます。DHCPネットワークが使えない環境の場合には、直接LANケーブルを接続することでも設定は可能ですが、少々面倒なので、できるだけDHCPネットワーク環境下での設定作業を推奨します。

　初期設定終了後に固定IPアドレスを割り当ててください。

Fig.4-15　DHCPネットワークへの接続例

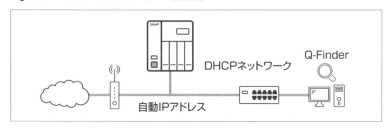

4-4-2　無線LANルータの活用

　DHCPサーバが使えない固定IPのネットワークに接続する場合は、別途無線LANを活用した初期設定をお勧めします。無線LANルータを活用した一時的なローカルLANのネットワークを構築することで、IPアドレスを自動的に割り当ててくれます。QNAP NASと設定用のパソコンをDHCPのネットワークで接続することにより、後述の4-6にて説明する「Qfinder」を使った初期設定を操作できます。

4-4-3　ネットワークケーブルの直接接続による初期設定方法

　DHCPサーバが使えない固定IPアドレス環境の場合は、直接パソコンとEthernetケーブルで接続することでもQNAPのネットワークアドレスの設定を変更できます。ただし、その場合には、パソコン本体のLAN側（アダプタ）のIPアドレスの設定をマニュアルモードで、適切な設定にする必要があります。

　QNAPの出荷時のデフォルトIPアドレスは、「169.254.100.100」に設定されています。パソコンからケーブルで接続後、Webブラウザを使って「http://169.254.100.100:8080」にアクセスすることでも管理画面を表示させられます。

Fig.4-16　QNAP NASの工場出荷時のデフォルトIPアドレス

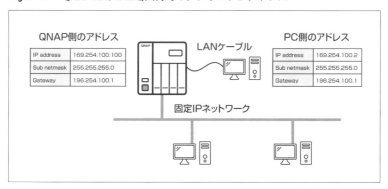

Chapter.4 QNAPのインストール作業と初期設定

4-5 ストレージ領域の初期設定とボリュームのフォーマット

　QNAPのストレージ領域の確保としては、最初に3種類のストレージプールの選択と設定から始めます。初めてこれらの作業を行うと難解な作業と感じられますが、ボリュームの拡張性の違いが理解できれば適切なディスクボリュームの設定ができるようになります。

4-5-1　ストレージ領域の確保

　ストレージ領域は、「ストレージプール」と「ボリューム」という2つの論理ストレージ単位で表記・構成されています。ストレージプールは、ディスク領域を組み合わせた1つの論理ストレージ単位として作成されたものです。ボリュームは、作成されたストレージプールから割り当てることができ、ボリュームから各種ファイルシステムでフォーマットして利用します。各ボリュームに共有フォルダを作成して利用者に公開できます。

Fig.4-17　ストレージ領域とディスクのボリューム、フォルダの関係

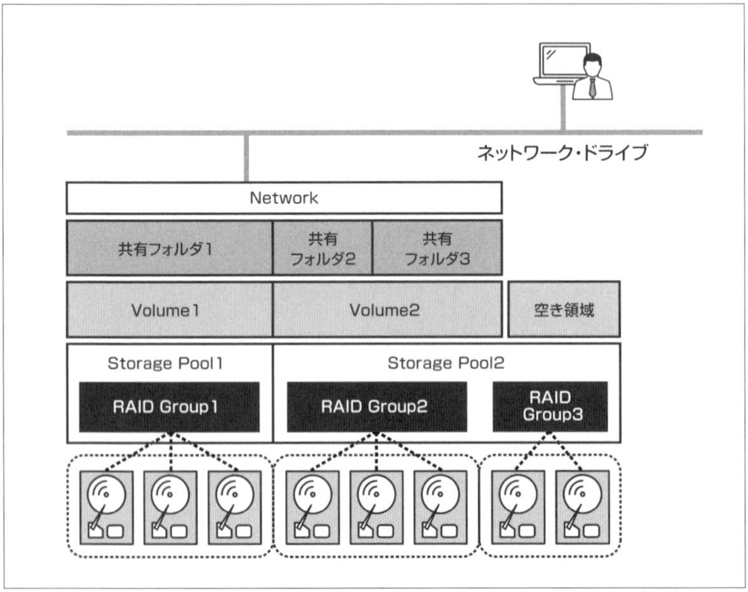

4-5-2　シンプル・ボリューム

　拡張性を考えないなら、シンプル・ボリュームがお勧めです。最も手軽にディスクボリュームの設定が可能です。ディスク容量が小さい場合あるいは簡単操作で速度を優先させる場合に有利な方式です。

　シンプル・ボリュームの場合は、拡張性を犠牲にしていますので、ボリュームの残容量が残り少なくなったからといって、あとからディスクを追加して拡張することはできません。追加が必要な場合は、すべてのディスクを初期化してから行う必要があります。

Fig.4-18

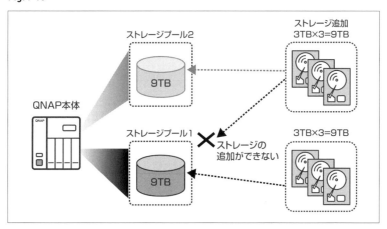

4-5-3　シック・プロビジョニング

　ボリュームの拡張性がありながら、手軽にディスクボリュームの設定が可能です。拡張エンクロージャーの追加による拡張や複数のRAIDグループを1ボリュームで運用する場合に有効な設定です。QNAPのデフォルト設定に採用されています。

　シック・プロビジョニングの特長は、あとからディスクを追加して、ボリュームを拡張することが可能な点があります。既存のファイルシステムへの影響も与えることなく、ごく自然にボリューム容量の拡張が可能なので、安心です。

Fig.4-19

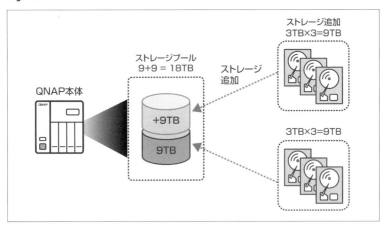

4-5-4　シン・プロビジョニング

　最も拡張性のあるストレージ・プールを作成できる仮想的なボリューム設定です。実際にストレージプールを割り当てる物理ストレージのディスク容量よりも、多くの領域を仮想的に割り当てられる仮想化技術です。ストレージシステムの導入初期段階における正確な容量設計が困難なタイミングであっても、物理的なハードディスクの装着に関係なく、大規模なストレージ領域を管理することが可能な方式です。特に将来、大容量のディスクボリュームが必要になる可能性の高いシステムで効果的です。

　シック・プロビジョニングと同じように、あとからディスクを追加して、ボリュームを拡張できる特長があります。シック・プロビジョニングとの違いは、LUNレベルにまで掘り下げて、拡張することが可能なことです。したがって、大規模なストレージシステムを構築する場合に有利な方式です。ただし、シン・プロビジョニング方式は、拡張性を優先させたことで複雑な仮想化処理を行うことから、処理速度が若干低下する問題があります。

4-5 ストレージ領域の初期設定とボリュームのフォーマット

Fig.4-20

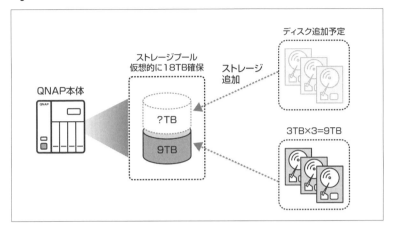

4-5-5　キャッシュ加速

　SSDなどの高速ストレージデバイスを装着した場合、ストレージプールに対して、キャッシュ加速の設定が可能になります。SSDキャッシュボリュームを作成する場合は、読み取り専用または読み書き用のキャッシュを作成できます。

　注意事項としては、読み書き用のキャッシュを設定する場合は、2台1組のRAID1などの冗長性が必要です。読み取り専用の場合は、1台のSSDでも構成可能です。

　4ドライブ・ベイの場合、SSDの読み取り専用のキャッシュ加速を設定するには、あらかじめハードディスクを3台用意し、RAID5のボリュームを作成したあとで、「ストレージマネージャ」の「キャッシュ加速」で、1台のSSDをキャッシュ用に追加できます。読み書き用のキャッシュを作成する場合は、2台のハードディスクと2台のSSDによるRAID1構成で設定することが必要です。

　SSDのキャッシュ効果が得られるケースとしては、仮想化システムのストレージとして利用する場合です。

Fig.4-21 キャッシュ加速

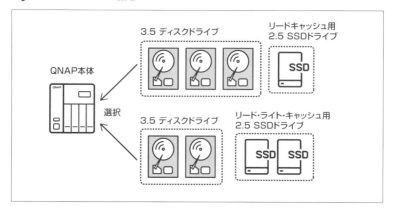

■ キャッシュ加速の要件

キャッシュ加速を設定する場合は、表（**Tbl.4-3**）の要件にしたがって、RAM要件およびキャッシュ容量を選定してください。

Tbl.4-3

キャッシュ容量	RAM要件[※]
512GB	1GBから4GB
1TB	4GBから8GB
2TB	8GBから16GB
4TB	16GB以上

※1TBのSSDを設置する場合は、4GB以上のRAMが必要です。

■ QNAP NASのモデルごとに異なる利用制限

SSDキャッシュ加速は、すべての機種で有効ではありません。簡単な判断基準としては、本体RAMが4GB以上、4ドライブ・ベイ以上のモデルです。また、キャッシュ加速で有効なSSDの装着位置は、機種ごとに決められたトレイに装着してください。装着する際には、ハードウェアマニュアルを参考にしてください。

4-6　QNAP Qfinder Proのインストールおよび起動

　DHCPネットワーク環境に接続されたQNAP NASのIPアドレスは、自動的に割り当てられますので、どのIPアドレスが割り当てられているのがわかりません。そのために便利なツールとして、「Qfinder」が用意されていますので、このツールを使ってインストール操作を開始します。

■ **Qfinderのインストール**

　Qfinderは、DHCPネットワークに接続されたQNAP NASを自動的に見つけ出し、QNAP NASのコンソール画面に接続するためのツールです。Windows版とMac版が用意されていますので、QNAPホームページサイトからダウンロードしてインストールしてください。

Pic.4-08　QNAP Qfinder Proの起動画面

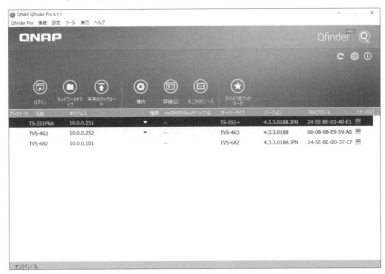

　目的のQNAP NASを選択し、実行することで、初期インストール画面が表示されます。

Chapter.4 QNAPのインストール作業と初期設定

4-7 QNAPのインストール作業開始

QNAP NASのインストール作業を開始します。ハードディスクが正しくマウントされ、ネットワークが接続された状態を確認後、電源を投入してください。インストール作業を行うには、必ずQFinderを立ち上げた状態から始めてください。

インストール作業のデフォルト設定で問題がなければ「次へ」のボタンをクリックするだけの簡単操作です。

画面（**Pic.4-09**）のようにQfinderからインストール対象のNASを選択します。次に、「スマートインストール開始ガイド」をクリックして、インストール作業を開始します（**Pic.4-10**）。

Pic.4-09

4-7 QNAPのインストール作業開始

Pic.4-10

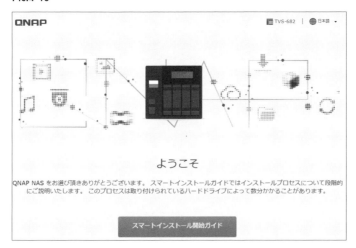

次に、NASの名前および管理者パスワードの設定をします。日時と時刻の設定、IPアドレスなどネットワーク設定の構成、クロスプラットフォームファイル転送サービスの設定をしていきます。

Pic.4-11　NASの名前および管理者パスワードの設定

Pic.4-12　日時と時刻の設定

Pic.4-13　ネットワーク設定の構成

4-7 QNAPのインストール作業開始

Pic.4-14　クロスプラットフォームファイル転送サービスの設定

　初級者の方は、「ディスクの構成の選択」の画面（Pic.4-15）が表示されたら「今すぐディスクを構成する」を選んでください。マルチメディア機能についても設定したあと、これまで行った設定の最終確認をします。

Pic.4-15　ディスクの構成の選択

Pic.4-16　マルチメディア機能

Pic.4-17　設定の最終確認

　ディスクドライブのフォーマットの開始確認をして、QNAP NASがイ

4-7 QNAPのインストール作業開始

ンストールされます。以上のような簡単な操作で、インストール作業を完了させられます。

Pic.4-18 ディスクドライブのフォーマットの開始確認

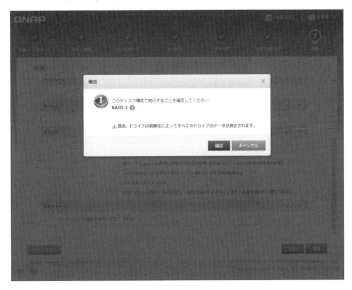

Pic.4-19 ハードディスクのフォーマットおよび設定状態

Pic.4-20 インストール作業の完了

4-8 QTSデスクトップ画面

インストール作業が完了するとQNAP NASは再起動し、最初にログイン画面(**Pic.4-21**)が表示されます。ここで、管理者権限(admin)でログインすることで、各種設定操作を行えます。

4-8-1 管理者権限でログイン

QNAP NASのQTSデスクトップに管理者権限でログインします。インストール直後の管理者IDおよびパスワードは以下の通りです。

- 管理者ID：admin
- パスワード：admin

Pic.4-21 QTSのログイン画面

QTSのログインに成功するとデスクトップ画面（**Pic.4-22**）が表示されます。

Pic.4-22 QTSデスクトップ画面

Chapter.4 QNAPのインストール作業と初期設定

4-9 特権および共有フォルダの設定

4-9-1 ユーザおよびグループの作成

　QNAPの標準的なアカウントマネジャーを使ってユーザを作成します。QNAP NASに接続可能なユーザとグループを作成し、共有フォルダに対して適切なアクセス権を与えます。ユーザとグループの関係は、図（**Fig.4-22**）の通りです。グループ単位で管理すると個々のユーザに対する共有フォルダへの設定が不要となりますので、グループ単位での管理をお勧めします。

Fig.4-22 ユーザとグループ管理

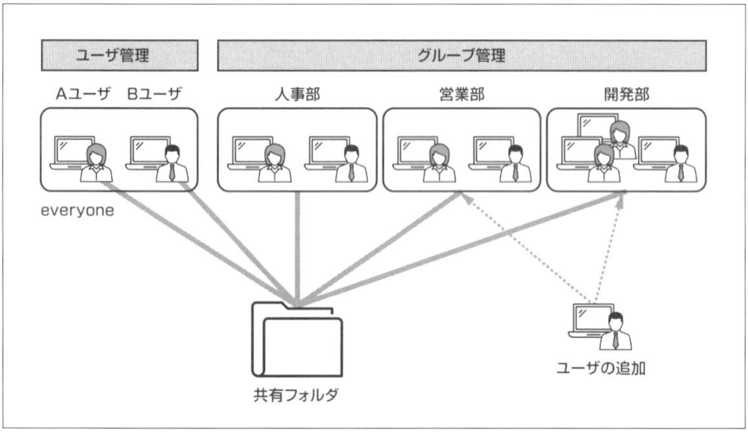

■ デフォルトのユーザグループ（everyone）と管理者

　QNAP NASのユーザとグループの作成は、「Control Panel」の「特権」で操作できます。QNAP NASのユーザと管理者の権限管理は、表（**Tbl.4-4**）の通りです。とてもシンプルな構造ですが、より高度なアクセス権の設定が必要な場合は、「アクセス権」の設定で「拡張フォルダ許可を有効にする」、さらに「Windows ACLサポートを有効にする」を有効にすることで、Windowsと互換性のある高度なアクセス権の設定が可能になります。

　デフォルトのグループおよび権限は以下の通りです。

4-9 特権および共有フォルダの設定

Tbl.4-4

管理者	admin	特権所有の管理者です。すべての権利を保有しています。
ユーザ	user	管理者が作成する一般ユーザです。
エブリワン・ユーザグループ	everyone	デフォルトのユーザグループです。管理者が作成したユーザ全員が所属します。
管理者グループ	administrators	デフォルトの管理者グループです。
グループ	Group	管理者が作成したグループです。グループ単位でファイル共有のアクセスを管理できます。漢字名のグループも定義できます。

　表にもありますが、ユーザのアクセス権はグループ単位で設定が可能な「グループ」機能で管理します。グループ機能は、会社であれば組織名単位でグループを作成し、メンバを所属させることで、共有フォルダへのアクセスを管理できます。

■ 新規ユーザの作成

　新規ユーザの作成では、「ユーザ名」、「パスワード」、「電話番号（任意）」、「メール（任意）」、「ユーザグループ」、「共有されたフォルダ権限」、「アプリケーション特権の編集」を入力し、ユーザの作成を行います。

Pic.4-23　　ユーザ作成画面

Chapter.4　QNAPのインストール作業と初期設定

■ 新規ユーザグループの作成

　新規にユーザグループを作成します。ここではグループ名を定義し、定義したグループにメンバとして、ユーザを割り当てます。さらに続けて、共有フォルダへのアクセス権を設定します。ユーザグループ名として、「人事部」、「開発部」などの漢字名が使えます。

Pic.4-24　ユーザグループの作成

■ ユーザグループの編集

　ユーザグループの編集は、リスト表示されているユーザを選択し、チェックすることで、グループに参加させられます。

Pic.4-25　ユーザグループの編集

4-9-2　共有フォルダの設定

共有フォルダの設定です。「作成」のボタンをクリックすることで、ボリュームに対して新規にフォルダを作成し、適切なアクセス権を与えられます。デフォルトでは、adminユーザだけが割り当てられます。

Pic.4-26　共有フォルダの作成

■ スナップショット共有フォルダとISO共有フォルダ

特殊な機能として、スナップショット共有フォルダとISO共有フォルダが用意されています。スナップショット共有フォルダは、特殊な機能なので、Chapter.7でまとめて解説します。ISO共有フォルダは、ISOイメージファイルを仮想DVDドライブとして、マウントして共有できる便利な機能です。

■ 共有フォルダの作成

共有フォルダの作成画面では、新規作成の場合、フォルダ名とコメント（任意）のみを入力した上で、「作成」ボタンを押してください。アクセス権などの詳細設定は、あとからまとめて設定します。

Chapter.4 QNAPのインストール作業と初期設定

Pic.4-27

共有フォルダの作成

次のフィールドに記入して共有フォルダを作成してください

フォルダ名	data
コメント(任意)	極秘情報のファイル
ディスクボリューム	DataVol2 (空きサイズ 68.00 GB)
パス	⦿ 自動的にパスを指定する
	○ 手動でパスを入力する

ユーザーのアクセス権限の構成　　　　　　　　[編集]

現在、「admin」アカウントだけにこのフォルダーの完全アクセス許可が与えられています。

フォルダ暗号化　　　　　　　　　　　　　　　[編集]

[作成]　[キャンセル]

■ 共有フォルダの作成と詳細設定

　共有フォルダの作成では、詳細設定として、ネットワークごみ箱の有無やフォルダの暗号機能の設定などが可能です。

Pic.4-28

共有フォルダの作成

フォルダ暗号化

キーで共有フォルダを暗号化する。暗号化された共有フォルダはそれぞれ特定のキーを使ってロックされます。

詳細設定　　　　　　　　　　　　　　　　[閉じる]

ゲストのアクセス権　　　アクセス拒否

☐ メディアフォルダ

☐ ネットワークドライブの非表示

☑ ファイルのロック (oplocks)

☐ SMB 暗号化

☑ ネットワークごみ箱を有効にする

☐ ごみ箱へのアクセスは、現在のところ管理者にのみ制限されています。

☐ この共有フォルダーで同期化を有効にします。

[作成]　[キャンセル]

■ 共有フォルダ権限の編集

　共有フォルダ権限の編集を行います。ここで注意しなければならないのは、共有フォルダの権限設定は、「高度な許可」の設定によって、設定画面や設定方法が異なる点です。

4-9 特権および共有フォルダの設定

Pic.4-29

■ 高度な許可設定

　このオプションを設定することで、よりきめ細かい共有フォルダへのアクセス権を設定できます。Windows Serverとの共存やWindows Serverからのデータ移行など、Windowsファイルシステムとの互換性を重視する場合は、「Windows ACLサポートを有効にする」にチェックを入れてください。ただし、このモードの利用には注意が必要です。このモードを有効にするとアクセス管理の設定は、QNAP NAS側ではルートディレクトリのみとなり、配下のサブディレクトリのフォルダの作成やアクセス権の設定は、Windowsパソコン側でのエクスプローラによる設定となります。

Pic.4-30 高度な許可

□ Winnows環境からのアクセス制御

Windows ACLのモードを有効にした場合、画面（**Pic.4-31**）のようにWindows環境からの設定となります。

Pic.4-31 Windows環境から見たQNAP NASのアクセス制御画面

4-9 特権および共有フォルダの設定

■ フォルダ集約

複数台のリモートフォルダを集約してアクセス可能とする機能です。各フォルダを集約する設定までは、QNAP NAS側で行いますが、実際のアクセスはWindows環境からのアクセスに限定されます。注意事項として、QTSのFile Stationではこのフォルダ集約ディレクトリは表示されません。

Pic.4-32 フォルダ集約

□ 集約フォルダの表示

Windowsエクスプローラ画面から集約フォルダで設定されたフォルダが表示されます。

Pic.4-33 QNAP NASで設定された「root-data」の集約フォルダ

□ リモートフォルダの表示

画面（**Pic.4-34**）のようにQNAP NAS側で設定された集約フォルダが表示されます。

Pic.4-34 root-dataの各リモードフォルダ

4-9-3 クォータの制御

　管理者を除くすべてのユーザに対するディスク容量の制限を設定します。ここで、ディスクのクォータサイズを指定してください。例えば、クォータで50GBと設定すれば、50GB以上のディスクサイズを要求した段階でエラーが発生し、利用できなくなります。

Pic.4-35 クォータの設定画面

4-9-4 ドメインのセキュリティ

　ドメインのセキュリティは、QNAP　NASのユーザアカウント管理の管理手法を選択します。各種認証サーバに合わせた選択を実施してください。

4-9 特権および共有フォルダの設定

□ ドメインセキュリティなし、ローカルユーザのみ

QNAP NASを単体として、ローカルユーザのみで運用する場合であれば、デフォルト設定がローカルユーザ設定です。

□ Active Directory認証

社内システムとしてWindows ServerのActive Directory認証が稼働している場合であれば、このActive Directory認証を選択して、AD認証に参加してください。

□ LDAP認証

社内システムとして、Linux系のLDAP認証が稼働している場合は、このLDAP認証を選択して、参加してください。

□ ドメインコントローラ

複数台のQNAP NAS同士の認証を連携する場合は、ドメインコントローラを有効にすることで、可能になります。ドメインコントローラ方式であれば、Windows Homeエディションのパソコンからでも問題なく、利用できます。

Pic.4-36　　ドメインのセキュリテイ設定画面

4-9-5 ドメインコントローラの設定

ドメインコントローラを有効にすることで、Windows Serverのドメインコントローラに参加できます。あるいは、QNAP NAS同士の認証連携としても利用できます。

Pic.4-37 ドメインコントローラの設定画面

■ バックアップ/リストア

ドメインコントローラのデータベースのバックアップとリストアができます。バックアップ周期は、毎日や毎週の曜日指定ができ、バックアップ時間や保管フォルダなどの設定ができます。

Pic.4-38

Chapter.5

QNAPのファイル共有と
各種クライアント端末
からの接続

Chapter.5 QNAPのファイル共有と各種クライアント端末からの接続

5-1 QNAPのファイル共有とクライアントからの接続

　QNAP NASの標準的なファイル共有とクライアントPCあるいは、スマートフォンからのアクセス方法について解説します。最初にユーザとグループを作成し、ユーザがアクセス可能な共有フォルダを作成します。その後、各種クライアント端末として、WindowsパソコンやMacクライアントからの接続を行います。また、スマートフォンとしてiPhoneおよびAndroid端末からの接続では、企業内に設置された無線LAN経由による接続を行います。

Fig.5-01

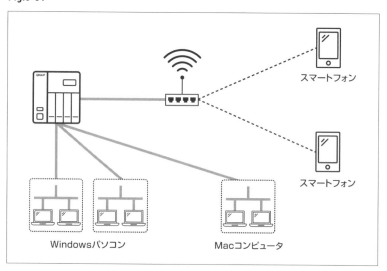

5-1-1　QNAPのファイル共有設定

　QNAP NASの標準的なファイル共有は、Windows Serverと同じようにユーザを作成し、共有フォルダにアクセス権を与えることで、利用できます。
　QNAPの新規ユーザとグループは、QTSデスクトップ画面（**Pic.5-01**）から「ユーザ」アイコンをクリックすることで、作成可能です。

5-1 **QNAPのファイル共有とクライアントからの接続**

Pic.5-01 QTS Ver4.3デスクトップ画面

①新規ユーザの作成

新規ユーザの作成は、「作成」ボタンをクリックすることで、「ユーザの作成」を表示させられます。

Pic.5-02

「ユーザの作成」で、「ユーザ名」と「パスワード」を入力して、新規ユーザを作成してください。そのほかの設定は、あとでまとめて設定すると効率的です。

117

Chapter.5 | QNAPのファイル共有と各種クライアント端末からの接続

Pic.5-03 ユーザの作成

□ **ユーザ名**

ユーザ名は、QNAP NASにアクセス可能なローカルユーザで作成します。csvファイルによる一括作成もできます。

□ **パスワード**

システム管理者側で一時的なパスワードを発行してください。パスワードは、ユーザがログイン後に、ユーザレベルで変更できます。

□ **ユーザグループ**

ユーザグループの作成と編集が可能です。新規ユーザは、作成と同時にデフォルトグループとして「everyone」に所属します。

□ **共有されたフォルダ権限**

ユーザがアクセス可能な共有フォルダの管理ができます。

□ **アプリケーション特権の編集**

ユーザが利用可能なアプリケーションの特権管理です。必要最低限の特権を各ユーザに与えてください。

②ユーザのホームディレクトリ

新規にユーザを作成すると「homes」ディレクトリ配下に新規ユーザ名のディレクトリが個々に作成されます。また、ボリュームの「DataVol1」配下には、「home」という、ユーザディレクトリ（/homes/user01）と同じ、ディレクトリへのシンボリックリンク名が作成されます。

Pic.5-04

③ユーザグループの作成・ユーザの割当

ユーザの作成に続いて、ユーザグループを新規に作成します。ユーザグループを作成するには、「ユーザグループ名」とユーザグループの「説明」を入力してください。例（**Pic.5-05**）として、「製品開発」と入力しています。

ユーザグループ作成後は、ユーザグループに所属させるユーザを選択し、割り当ててください。

Chapter.5 　QNAPのファイル共有と各種クライアント端末からの接続

Pic.5-05 　ユーザグループの作成

Pic.5-06 　ユーザグループの割当

④共有ディレクトリの作成

　次にユーザがアクセス可能な共有ディレクトリを作成します。共有ディ
レクトリを作成する前にすでにいくつかのディレクトリが作成されていま
す。それぞれの意味は以下の通りです。

5-1 QNAPのファイル共有とクライアントからの接続

Tbl.5-1 デフォルトディレクトリ

画面キャプチャ	ディレクトリ名	意味
DataVol1 home homes Public Web	home	ユーザ専用のディレクトリです。 /homes/\<user\>と同じです。読み書き可能です。
	homes	ユーザディレクトリが作成されるホームディレクトリです。
	Public	Everyoneにリードオンリー（読み専用）で設定されたディレクトリです。
	Web	Webサービス用のディレクトリです。

□ デフォルトディレクトリとは

QTSのシステム側で作成されるディレクトリです。システム側の管理機能として利用しているため、削除できませんが、表示の制限はできます。

⑤新規共有フォルダの作成

「共有フォルダ」から「作成」をクリックし、新規の共有フォルダを作成します。

Pic.5-07

「共有フォルダの作成」では、フォルダ名を入力することで、新規に共有フォルダが作成されます。共有フォルダのオプションとして、「ユーザのアクセス権限の構成」や「フォルダ暗号化」、「詳細設定」などがあります。

ここでは、デフォルトの状態で、「作成」を押してください。

121

QNAPのファイル共有と各種クライアント端末からの接続

Pic.5-08

フォルダのオプションは、すべての設定が完了後に修正を加えます。

Pic.5-09

⑥共有フォルダへのアクセス権の設定

共有フォルダへのアクセス権の設定は、画面(Pic.5-10)の「共有フォルダ権限の編集」アイコンをクリックして、設定を行います。

5-1 QNAPのファイル共有とクライアントからの接続

それぞれのアイコンの機能は以下の通りです。

Pic.5-10

Tbl.5-2

![編集]	プロパティの編集	共有フォルダのプロパティを編集できます。
![権限]	共有フォルダ権限の編集	共有フォルダの権限を編集できます。
![更新]	更新	プロパティの編集状態を更新できます。

⑦共有フォルダ権限の編集

ここでは、共有フォルダにアクセス可能なユーザあるいはグループを設定します。共有フォルダへのアクセス権の設定では、できるだけグループのみ設定することをお勧めします。

Pic.5-11

123

⑧ユーザとグループの選択

画面（**Pic.5-12**）では、グループの権限設定を行っています。権限を与えたいグループ名に対して、各権限の「RO」、「RW」、「Deny」チェックボックスに対して、チェックを入れるだけです。RWにチェックすると共有フォルダに対して「読み書き」可能な権限が設定されます。

Pic.5-12

QNAP NASのファイル共有環境の設定が完了したところで、次は、クライアント環境からのアクセス方法について解説します。QNAP NASのクライアント環境としては、一般的なWindowsパソコンやMacクライアントからのアクセス以外にもiPhoneやAndroidなどのスマートフォンからのアクセスも可能です。

5-2 Windowsパソコンからのアクセス方法

Windowsパソコンからのアクセスは、とても簡単です。画面（**Pic.5-13**）のように「ネットワーク」に表示される、QNAP NASで構築されたサーバをクリックするだけで、アクセスできます。

5-2 Windowsパソコンからのアクセス方法

Pic.5-13

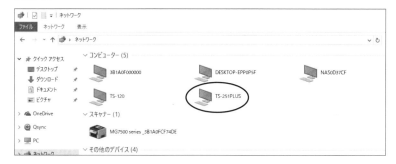

①ネットワーク資格情報の入力

　ネットワークアイコンをクリックすると「ネットワーク資格情報の入力」画面（**Pic.5-14**）が表示されます。ここで、ユーザ名とパスワードを入力してください。適正なユーザ名とパスワードの入力で、Windowsネットワークにログインできます。

Pic.5-14

②ネットワークドライブにログイン

　ネットワークのログインに成功したら、以下のような画面（**Pic.5-15**）が表示されます。

125

Pic.5-15

5-3 Macクライアントからのアクセス方法

MacクライアントからQNAP NASに接続するには、メニューバーの「移動」から「サーバへ接続」を選択して、QNAP NASに接続します。

Pic.5-16

①サーバへ接続

「サーバへ接続」(Pic.5-17、Pic.5-18)が表示されたら、通信プロトコルとして「smb://」と「afp://」の2つの接続方法を選びます。「smb://」は、Windowsのファイル共有で採用されている通信プロトコルです。smbは「Server Message Block」の略文字です。smbの通信プロトコルで接続する場合は、smb://<ipaddress> あるいは smb://<server name> で接続できます。

5-3 Macクライアントからのアクセス方法

「afp://」は、MacOSのファイル共有で採用されている通信プロトコルです。afpは、「Apple Filing Protocol」の略文字です。最近のMacOSでは、デフォルトでsmbでも接続されるようになったので、afpを使わなくても接続できます。afpの通信プロトコルで接続する場合は、afp://<ipaddress>あるいはafp://<server name>で接続できます。ただし、Macの「Time Machine」を使うのであれば、afpの機能を有効にする必要があります。

Pic.5-17 smbの通信プロトコルで接続　　**Pic.5-18** afpの通信プロトコルで接続

②ログイン認証

認証画面（**Pic.5-19**）が表示されたら、QNAP NASのユーザ名、パスワードを入力してください。

Pic.5-19 ログイン認証画面

③サーバマウント

Macでマウントするボリューム名を選択してください。

Pic.5-20

④共有フォルダの表示

適正なアカウントを割り当てられているボリュームであれば、画面（Pic.5-21）のような共有フォルダの内容が表示されます。

Pic.5-21

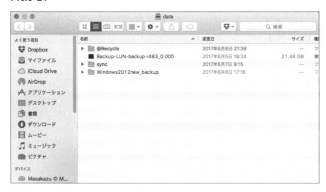

5-4 iPhoneからのアクセス方法

QNAP NASのファイルサーバは、WindowsやMacといったコンピュータだけでなく、iPhoneやAndroidなどスマートフォンからの接続も可能です。iPhoneのアプリケーション「Qfile」をインストールして接続する方法について解説します。

5-4 iPhoneからのアクセス方法

①**Qfileのインストール・実行**

iPhoneのApp Storeで「qfile」と入力し、検索してください。QNAP Systems,Inc.が開発した「Qfile」のアプリケーションが表示されます（**Pic.5-22**）。Qfileをインストールし、実行してください。

Qfileを実行するとネットワーク上に起動中のQNAP NAS（**Pic.5-23**）が表示されます。新規にサーバを追加する場合は、ここで、「NASの追加」ボタンを押してください。

Pic.5-22

Pic.5-23

②**NASの追加**

「NASの追加」ボタンを押すと接続可能なQNAPが表示されます（**Pic.5-24**）。ここで、接続したいQNAPをクリックすることで、ログイン画面が表示されます。ログイン画面（**Pic.5-25**）が表示されたら、ユーザ名とパスワードを入力してください。

Pic.5-24

Pic.5-25

③ディレクトリの表示

　ログインに成功するとQNAP NASのディレクトリが表示されます（**Pic.5-26**）。QNAP NASに保管されているファイルやディレクトリが表示されますので、Windowsパソコンと同様にファイルにアクセスできます（**Pic.5-27**）。リモート環境からの接続については、Chapter.8を参照してください。

Pic.5-26

Pic.5-27

5-5 Androidからのアクセス方法

　iPhoneと同様にQNAP NASには、Android端末からでも簡単にアクセスできます。Google PlayからQfileを検索してください。

①Qfileのインストール・実行

　Google Playで「qfile」と入力し、検索してください。QNAP Systems,Inc.が開発した「Qfile」のアプリケーションが表示されます。ここで、Qfileをインストールし、実行してください（**Pic.5-28**）。

　Qfileを実行するとネットワーク上に起動中のQNAP NAS（**Pic.5-29**）が表示されます。新規にサーバを追加する場合は、ここで、「NASの追加」ボタンを押してください。

Pic.5-28

Pic.5-29

②NASの追加

　NASの追加ボタンを押すと接続可能なQNAPが表示されます（**Pic.5-30**）。ここで、接続したいQNAPをクリックすることで、ログイン画面が表示されます。ログイン画面（**Pic.5-31**）が表示されたら、ユーザ名とパスワードを入力してください。

Pic.5-30

Pic.5-31

③ディレクトリの表示

ログインに成功するとQNAP NASのディレクトリ(**Pic.5-32**)が表示されます。QNAP NASに保管されているファイルやディレクトリが表示されますので(**Pic.5-33**)、Windowsパソコンと同様にファイルにアクセスできます。リモート環境からの接続については、Chapter.8を参照してください。

Pic.5-32

Pic.5-33

5-6 Webブラウザからのクライアントアクセス方法

　Google ChromeやFirefox、Microsoft EdgeといったWebブラウザでもQNAP NASにログインできます。Webブラウザを使ったログインの最大のメリットとしては、Windows HomeであってもMicrosoft Active Directory環境のネットワークにログインできることです。また、Webブラウザごとにログインユーザを切り替えてアクセスできます。

①Webブラウザの起動

　WindowsパソコンあるいはMacコンピュータで、Webブラウザを立ち上げます。ここで、QNAP NASのIPアドレスを入力し、接続してください。

Pic.5-34

②QNAP NASにログイン

　QNAP NASのアカウントでログインしてください。「ログイン」ボタンをクリックして(**Pic.5-35**)、ユーザ名とパスワードを入力すること(**Pic.5-36**)で、QNAP NASにログインできます。

Pic.5-35

Pic.5-36

③ QTS デスクトップ画面の表示

ログインに成功するとログインユーザの権限でアクセス可能なQTSのデスクトップ画面（**Pic.5-37**）が表示されます。以下の例では、「user01」には、QNAP NASのファイルアクセスツール「File Station」だけが表示されています。

5-6 Webブラウザからのクライアントアクセス方法

Pic.5-37

④ File Stationによるファイルアクセス

File Stationを利用することで、QNAP NASに「user01」としてアクセス可能なボリュームおよびディレクトリが表示されます。このようにWebブラウザを使うことでもQNAP NASにアクセスできます。

Pic.5-38　File Stationによるディレクトリ表示

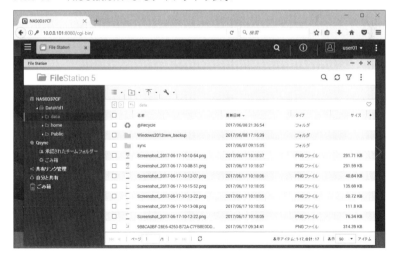

Chapter.5 QNAPのファイル共有と各種クライアント端末からの接続

Chapter.6

Windows Serverとの
AD連携

Chapter.6 Windows ServerとのAD連携

6-1 Windows Serverとの連携

Windows Activity Directoryは、ネットワーク上のリソースを中央のサーバで集中管理・運用するためのディレクトリサービスです。ネットワークに接続されたコンピュータがWindows ADに参加することで、今まで個別に管理していた各ユーザやユーザグループ、コンピュータなどのリソースの管理が中央のサーバで統合的に管理できます。QNAP NASでもこのWindows ServerのAD(Active Directory)に対応していますので、ADに参加できます。本章では、すでにWindows ADが稼働している環境を前提にしたQNAP NASの参加方法について説明します。

6-1-1 Windows ServerのAD(Active directory)に参加する

①前提条件

Windows Serverの設定条件です。下記内容の状態からスタートします。ここで最も重要な項目は、Windows Serverの時刻の同期設定です。この設定にミスがあると正常にドメインに参加できません。正しく時刻同期の設定が機能していることを確認してください。QNAP NASの時刻同期は、Windows ADへの参加が有効になった時点で、Windows ADに時刻同期が切り替わります。

Tbl.6-1 Windows ServerとQNAP NASネットワーク環境

設定項目	設定・例示	備考
Windows Server	Active Directory	Windows Server 2012R2
IP address	10.0.0.102	DNSサーバも兼ねています
ドメイン名	root.local	ログイン時「root」を付与
ユーザ名	user01	「root\ser01」となります
QNAP NAS	10.0.0.252	ドメイン参加の「TVS-463」
共有フォルダ	data	user01に「RW」権が与えられています
共有フォルダ	test	user01にアクセス権が与えられていません

②クイックコンフィギュレーションウィザードの設定

コントロールパネルの「権限設定」から「ドメインのセキュリティ」を選

138

択して、「Active Directory認証（ドメインメンバ）」を選択してください。

Pic.6-01

③アクティブなディレクトリウィザードの確認

ここでは、「次へ」のボタンをクリックして進めてください。ここでも説明している通り、NASの時刻同期が切り替わります。

Pic.6-02

④アクティブなディレクトリウィザードの設定

完全なDNSドメイン名を入力してください。ここでは、例として、「root.local」を入力しています。

Chapter.6 Windows ServerとのAD連携

Pic.6-03

アクティブなディレクトリウィザード

ウィザード情報

完全なDNSドメイン名: root.local

例:mydomain.local

NetBIOSドメイン名: ROOT

例:MYDOMAIN

ドメインコントローラに対してDNSサーバーIPを入力します。アクティブディレクトリのDNSサーバーでなければなりません。

☑ DHCPサーバーによりDNSサーバーアドレスを自動的に取得します。

プライマリDNSサーバ: 0 . 0 . 0 . 0

セカンダリDNSサーバ: 0 . 0 . 0 . 0

ステップ 2/4　　　　戻る　　次へ　　キャンセル

⑤DNSサーバの設定

DNSサーバのIPアドレスを入力します。ここでは、Windows Serverの「root.local」が検索可能なDNSサーバのIPアドレス（例：10.0.0.102）を入力してください。

Pic.6-04

アクティブなディレクトリウィザード

ウィザード情報

完全なDNSドメイン名: root.local

例:mydomain.local

NetBIOSドメイン名: ROOT

例:MYDOMAIN

ドメインコントローラに対してDNSサーバーIPを入力します。アクティブディレクトリのDNSサーバーでなければなりません。

☐ DHCPサーバーによりDNSサーバーアドレスを自動的に取得します。

プライマリDNSサーバ: 10 . 0 . 0 . 102

セカンダリDNSサーバ: 0 . 0 . 0 . 0

ステップ 2/4　　　　戻る　　次へ　　キャンセル

⑥ドメインコントローラの選択

DNSサーバのIPアドレスが正しい設定であれば、「root.local」のドメイ

140

6-1 Windows Serverとの連携

ンコントローラのサーバが表示されます。サーバを選択して結合可能な状態にセットするため、右側に移動操作してください。

Pic.6-05

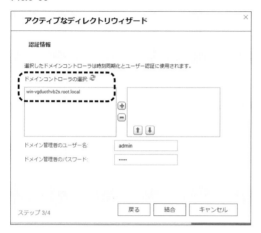

⑦管理者パスワードの入力

サーバを右側に移動操作したら、ドメイン管理者のIDおよびパスワードを入力してください。入力後、「結合」ボタンをクリックすることで、ドメインに参加できます。

Pic.6-06

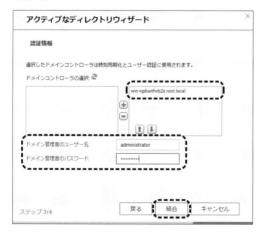

Chapter.6　Windows ServerとのAD連携

⑧ドメインへの参加

アクティブディレクトリへの参加が完了すると結合結果を出力します。これでセットアップ作業は完了です。

Pic.6-07

⑨ Windows Serverの登録確認

次にWindows Serverの「Active Directoryユーザとコンピュータ」のプロパティ画面を開いて、QNAP NASのコンピュータが登録されているかどうか確認してください。

Pic.6-08

6-1 Windows Serverとの連携

⑩共有フォルダの操作

共有フォルダの「アクセス権限の編集」アイコンをクリックしてください。

Pic.6-09

⑪共有フォルダ権限の編集

「共有フォルダ権限の編集」画面が表示されたら、ターゲットとなるフォルダ「data」を確認し、「追加」ボタンを押してください。

Pic.6-10

⑫ユーザの追加画面

共有フォルダにドメインユーザ「root¥user01」を追加します。ユーザの選択画面では、デフォルトの表示名が「ローカルユーザ」となっていますので、「ドメインユーザ」を選択してください。「ドメインユーザ」を選択することで、Active Directoryで作成された「user01」が表示されます。

Pic.6-11

⑬ドメインユーザの選択・アクセス権の付与

「ドメインユーザ」を選択すると、「root.local」のドメインユーザが表示されます。ここで、「ROOT+user01」を選択してください。これで、rootドメインユーザの「user01」へのアクセス権を与えられます。

「root¥user01」へのアクセス権は、デフォルトで「アクセス拒否」となっていますので、RW（リード／ライト）権を与えることで、アクセスできるようになります。RO（リードオンリー）権を与えると、ファイルへのアクセスは可能ですが、書き込みができません。

Pic.6-12

6-2 クライアントからQNAP NASにアクセスする方法

QNAP NAS側のWindows ADとの接続が完了したところで、次にクライアントパソコンからQNAP NASにログインする方法について解説します。

6-2-1 ドメイン接続確認・エラー原因解析

最初に以下（**Pic.6-13**）のように「nslookup」コマンドで、ドメインに接続可能かどうかの確認をしてください。エラーが出るようであれば、Active Directoryへの参加はできないので、原因を解析しましょう。

Pic.6-13 nslookupコマンドによる確認

①TCP/IPv6の確認

nslookupコマンドでエラーが出た場合は、LANアダプタのプロパティを確認してください。TCP/IPv6が有効になっている場合、IPv6から順次アクセスするようなので、以下（**Pic.6-14**）のようにチェックを外してください。

Pic.6-14

②DNSサーバの設定確認

それでも繋がらない場合は、同じくLANアダプタの「TCP/IPv4」の「プ

ロパティ」を選んで、DNSサーバの設定（**Pic.6-15**）を確認してください。
ここで、優先DNSサーバの設定をデフォルトのIPアドレスから、ドメイ
ンサーバのIPアドレスを指定してください。

Pic.6-15

6-2-2　ドメインへの参加操作

　前項①、②の確認および設定で、「root」への接続が可能になると思いま
す。nslookupコマンドで接続が完了するまで、そのほかの原因も考えら
れますので、ネットワーク管理者と相談の上で対処してください。それで
もnslookupコマンドによるDNSの検索が解決しない場合は、ドメインへ
の参加は諦めて、直接ログインする方法もありますので、Chapter.7を参
考にしてください。

　Windowsパソコンからドメインへの参加は、「コントロールパネル」→
「システムとセキュリティ」→「システム」の順に操作して表示される「コ
ンピュータ名、ドメインおよびワークグループの設定」の「設定の変更」
（**Pic.6-16**）をクリックして、設定操作を始めてください。

Pic.6-16

①システムのプロパティ

「システムのプロパティ」画面が表示されるので、「変更」のボタンをクリックして、次に進めてください。

Pic.6-17

②ドメイン名の入力

システムのプロパティ画面では、現在「ワークグループ」のラジオボタ

6-2 クライアントからQNAP NASにアクセスする方法

ンにチェックが入っているので、「ドメイン」のラジオボタンをクリックします（**Pic.6-18**）。次にドメイン名「root」を入力して、「OK」ボタンを押してください（**Pic.6-19**）。

Pic.6-18

Pic.6-19

③ドメインへの認証画面

　ドメインへのログイン認証画面が表示されます。

　ここで、「root」ドメインに登録されているユーザ名「user01」、パスワードを入力してください（**Pic.6-20**）。ドメイン「root」への認証に成功すると以下（**Pic.6-21**）のような画面が表示され、ドメインへの参加準備が整いました。

Pic.6-20

Pic.6-21

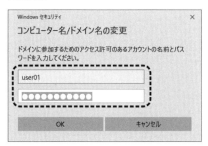

149

④ Windowsパソコン再起動

ドメインへの参加準備が整ったことで、パソコンの再起動が始まります。再起動の前に開いているファイルがあれば、すべてクローズしてください（**Pic.6-22**）。問題がなければ、「今すぐ再起動する」ボタン（**Pic.6-23**）をクリックして再起動してください。

Pic.6-22

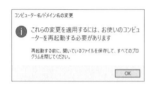

Pic.6-23

⑤ ドメインユーザでサインイン

Windows パソコンの再起動後ドメインユーザでサインインします。以下（**Pic.6-24**）のようにサインイン先として「ROOT」が表示されていることを確認してください。

Pic.6-24

⑥ ネットワークアイコンの確認

Windowsパソコンをドメインにサインイン後、「ネットワーク」をクリックすると画面（**Pic.6-25**）のようにドメインサーバおよびドメインに参加し

6-2 クライアントからQNAP NASにアクセスする方法

ているQNAP NASが表示されます。ここで、QNAP NASの「TVS-463」のアイコンをクリックして共有フォルダの内容を確認してみましょう。

Pic.6-25

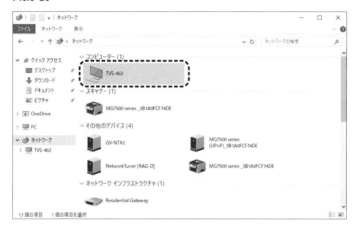

⑦ IPアドレス指定で直接アクセスする場合

コンピュー名でアクセスできない場合は、直接IP アドレス(例：¥¥10.0.0.252)を入力することでもアクセスできます。

Pic.6-26

151

Chapter.6 Windows ServerとのAD連携

⑧共有フォルダの表示

「TVS-463」のアイコンをクリックしてフォルダを開いてみると画面（**Pic.6-27**）のようにアクセス可能な共有フォルダが表示されます。ここで、アクセス権を設定したフォルダ「data」をクリックしてみます。

Pic.6-27

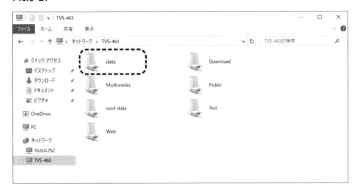

⑨dataフォルダの内容表示

以下（**Pic.6-28**）のように適切なアクセス権が設定されていれば、いくつかのファイルが表示されます。

Pic.6-28

6-3 ドメインに参加せずリソースにアクセスする方法

□ アクセスが拒否された場合

アクセス権が設定されていない「test」フォルダをクリックすると画面（**Pic.6-29**）のようにエラーが表示され、ユーザ名およびパスワードの入力を求められます。

Pic.6-29

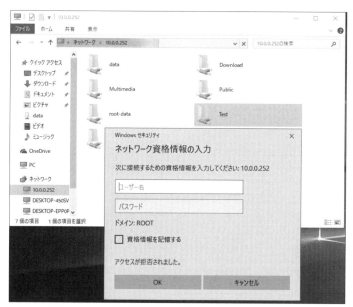

6-3 ドメインに参加せずリソースにアクセスする方法

Active Directoryのドメインに参加したQNAP NASは、Windowsパソコンのエディションによって接続制限がありますので、注意が必要です。例えば、Windows10の最新版であってもHomeエディションの場合は、ドメインへの参加ができません。つまり、ドメインへ参加する場合は、Proエディションへのアップグレードが必要になります。

Fig.6-01

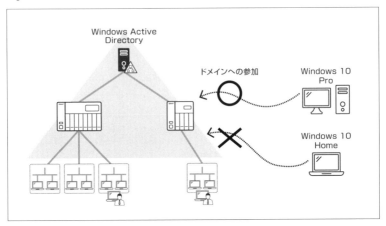

　ただ、Homeエディションの利用者がProエディションへのアップグレードをするというのも大変な作業でしょう。そこで、ドメインに参加せずに、リソースへアクセスする方法を説明します。

　それは、ドメイン名を含んだ複合ID形式によるユーザ名とパスワードを入力する方法です。この接続方法であれば、Windowsパソコンのエディションに関係なく、共有フォルダにアクセスできます。

　また、この接続方法には、Windowsエクスプローラによる「ネットワークドライブの割当」方式とWebブラウザを使ったQNAP NASの「File Station」ログイン方式の2種類があります。

　それぞれの接続方法について、解説します。

6-3-1　Windowsエクスプローラからのアクセス方法

　WindowsエクスプローラからQNAP NASのデータフォルダにアクセスします。まず「PC」をクリックして以下の画面(**Pic.6-30**)を表示してください。

6-3 ドメインに参加せずリソースにアクセスする方法

Pic.6-30

①ネットワークドライブの割り当て

Windowsエクスプローラの「コンピュータ」タグの「ネットワークドライブの割り当て」(**Pic.6-31**)をクリックしてください。

Pic.6-31

②ネットワークドライブのフォルダ指定

「ネットワークドライブの割り当て」画面が表示されるので、ネットワークドライブのIPアドレスとフォルダを指定します。QNAP NAS側で設定されている共有ドライブは、例として「data」とします。ここで「¥¥」を先頭に付与したIPアドレスあるいはコンピュータ名を入力します。IPアド

155

レス方式なら、確実にログインできます。

Pic.6-32

③別の資格情報を使用して接続する

フォルダのIPアドレスを入力後、「完了」ボタンを押す前に「サイン時に再接続する」と「別の資格情報を使用して接続する」のチェックボックスを有効にしてください。そうすることで、現在ログイン中の資格情報とは、別の資格情報を使ってログインできます。

Pic.6-33

6-3 ドメインに参加せずリソースにアクセスする方法

④ネットワーク資格情報の入力

「ネットワーク資格情報の入力」画面（**Pic.6-34**）が表示されたら、「「root¥user01」のパスワードを入力します。

Pic.6-34

⑤共有フォルダの表示

ネットワーク資格情報の入力で、適正なパスワードの入力が成功すると、共有フォルダにログイン（**Pic.6-35**）できます。

Pic.6-35

6-3-2　Webブラウザを利用したアクセス方法

QNAP NASの共有フォルダへのアクセス方法は、Windowsエクスプローラ以外にもWebブラウザを利用したログイン方法があります。Chapter.5

5-6でも紹介した作業と流れは基本的に同じですが、ドメイン名を加えたアクセス方法として、ここにも再掲します。

① WebブラウザからIPアドレス入力

Webブラウザ(**Pic.6-36**)からQNAP NASのサーバIPアドレスを入力します。ログイン画面が表示されるので、ドメイン名を付与したユーザIDを入力することで、ログインできます。

ちなみに、ドメイン名とユーザIDの区切り記号は「¥」を入力しますが、ブラウザ上では「\」(バックスラッシュ記号)と表記されます。Windowsパソコンで日本語入力する場合、文字コードとフォントの関係により、このような表記の違いが生じます。「/」(スラッシュ記号)との混乱からくる入力ミスに注意しましょう。

- Windowsパソコンの日本語入力：root¥user01
- Webブラウザ上の表記：root\user01

Pic.6-36

② QTSのデスクトップ画面の表示

ログインに成功するとQTSのデスクトップ画面が表示されます。注目してほしいのは、右上に表示されるオプションのアカウント名に「ドメイン名」が付与されている点です。

Pic.6-37

③ File Station

QTSのデスクトップ画面から、「File Station」アイコンをクリックしてください。「root¥user01」に与えられたアクセス権に基づくファイルが表示されます。

Pic.6-38

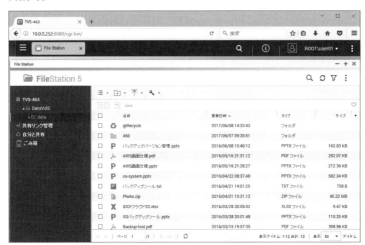

Chapter.6　Windows ServerとのAD連携

Chapter.7

データバックアップの
基本と応用例

Chapter.7 データバックアップの基本と応用例

7-1 データバックアップの重要性

　ストレージシステム運用の基本は、最初にバックアップシステム構築の検討から始めることが重要です。ストレージに保管されたデータをいかに低コストで安全に運用すればよいのかという命題を掲げ、最適なバックアップシステムを構築しなければなりません。ストレージシステムのバックアップは面倒で、難しいという印象を受けますがQNAPに搭載されたバックアップ機能を利用することで、簡単操作で安全に運用できます。

　ストレージに保管されたデータは、人的ミスやハードウェア障害により、データ破壊という危険なリスクを抱えています。安心してストレージを運用するためにも、日頃からデータバックアップ体制を組織的にも確立させる必要があります。

　ネットワークストレージシステムを安全に利用するには、複数台のNASを連携させたNAS同士によるデータのバックアップが基本です。特にQNAPには、優れたQNAP独自のバックアップ機能「バックアップマネージャ」を標準で装備していますので、これらバックアップ機能の使い方と運用について、解説します。

7-1-1　QNAPの各種バックアップ機能

　QNAPに搭載されているバックアップ機能は、目的に合わせて選択が可能な機能が各種用意されています。大別すると、ボリューム単位で行うSnapshotレプリケーションやファイル単位で行うRTRR（Real Time Remote Replication）、Rsync型などがあります。それぞれの基本的な機能と特徴を理解した上で、適正なバックアップシステムを構築しましょう。

　例えば、Snapshotレプリケーションは最も優れた機能を装備していますが、ボリューム単位でのバックアップとなるので、バックアップ先のボリュームのディスクサイズが元サイズよりも大きい必要があります。ちなみにSnapshotレプリケーションは、「Snapshot」「Snapshot Replica」「Snapshot Vault」という3種類の機能で構成されており、それぞれの機能の違いについては後述します。RTRRやRsyncの場合は、ファイル単位でのバックアップとなりますので、直感的に安心して利用できるコマンドで

す。それに比べ、スナップショット方式は、理解することが少々難解なコマンドですが、大きなファイルサイズのデータ（仮想サーバ、データベースなど）の場合には、差分のブロックデータの転送処理を行いますので、抜群の効果を発揮します。

Tbl.7-1

	Snapshot Replica	RTRR	Rsync	NAS to NAS
バックアップ範囲	ボリューム/LUN	共有フォルダ	共有フォルダ	共有フォルダ
送信モード	ブロックベース	ファイルレベル、ファイルベース	ファイルレベル、ブロックベース	ファイルレベル、ブロックベース
バックアップスキーム	変更されたファイルのみを送信	全ファイルを再バックアップ	双方のファイルを比較し、変更されたブロックのみ送信	
データの履歴管理	○	○	-	-
即時バックアップ	-	○	-	-
バージョン管理	-	○	-	-
スケジュール	○	○	○	○
暗号化	○	○	○	○
圧縮	○	○	○	○
メモリ要件	4GB以上のRAM	要件なし	要件なし	要件なし
リモートシステム	QNAP NAS	QNAP NAS	RsyncシステムQNAP NAS	QNAP NAS
特徴	ボリューム単位の指定となるため、同サイズ以上のQNAPが必要。大量の小さなファイルサイズのデータバックアップに最適。	ファイル/ディレクトリ単位の指定で高度なバックアップが可能。バージョン管理機能による長期間にわたる履歴管理が可能。	QNAP以外のWindowsサーバやLinuxサーバなどのRsyncクライアントとの接続が可能。	最もシンプルな操作でバックアップ処理の運用が可能。スケジュール機能による夜間指定や曜日指定が可能。

7-2 QNAPのバックアップマネージャ

　QNAPのバックアップマネージャには、基本機能として、サーバ系とクライアント系が用意されています。サーバ系（バックアップサーバ）として、標準的なRsyncサーバ、QNAP NAS専用のRTRRサーバ、Mac用のTime Machineなどがあります。クライアント系（リモートレプリケーション）としては、NAS to NASやRsync、RTRR、Snapshot Replica、LUNバックアッ

プ、Amazon S3、External Backup、外部ドライブ、USBワンタッチコピーなど、多数用意されています。

Fig.7-01 QNAP NAS バックアップマネージャ

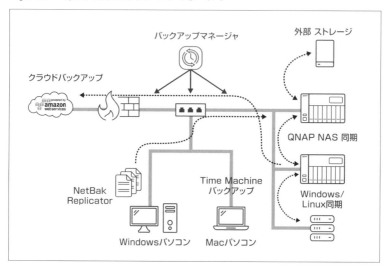

7-3 各種バックアップサーバの設定

7-3-1 Rsync サーバ

　Rsyncサーバは、QNAP以外のLinuxやWindows版のRsyncクライアントプログラムとの互換性のあるファイル転送（レプリケーション）のサーバ機能です。特定のローカルファイルやディレクトリの配下すべてを別のRsyncサーバに転送できます。

Fig.7-02 Rsyncサーバによる同期システム

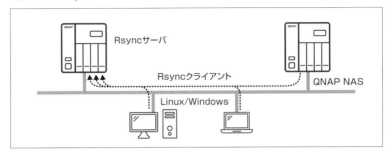

■ **Rsyncサーバの設定**

Rsyncのサーバは、ポート番号の設定とリモートサーバからの接続を有効にするだけで使えます。オプションとして、「最大ダウンロード速度を有効にする」、リモートRsyncサーバによるユーザ、パスワードの設定が可能です。

Pic.7-01

7-3-2　RTRRサーバ

RTRRサーバは、QNAP独自のファイルの同期化処理に適したファイル転送サービスです。Rsyncとの違いは、QNAP専用なので、本機能を利用するには、接続先として、もう1台のQNAPが必要です。転送サービスの

機能には、データ暗号化、圧縮、再送信、バイトレベルの差分レプリケーション機能などが実装されています。これらの機能は、ネットワーク上の2つのサーバ間におけるファイルやディレクトリの同期を効率よく行います。

Fig.7-03 RTRRサーバによる同期システム

■ RTRRサーバの設定

RTRRサーバの設定は、ポート番号の設定とリアルタイムリモートレプリケーションサーバからの接続とパスワードの設定を有効にするだけで使えます。オプションとして、「最大アップロード速度を有効にする」、「最大ダウンロード速度を有効にする」、さらにはネットワークアクセス保護などの設定が可能です。

Pic.7-02

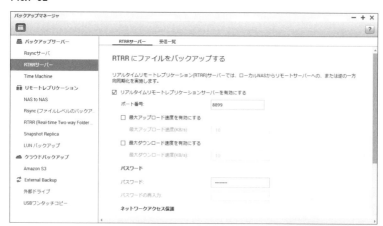

7-3-3 Time Machine サーバ

Apple社のiMacやMacBookパソコンに搭載されているTime Machineの
データをバックアップするためのサーバシステムです。MAC OSの「Time
Machine」のバックアップ先になるようにQNAPを設定することで利用で
きます。この機能を利用するには、「Time Machineのサポートを有効にす
る」をクリックして、有効にしてください。

Fig.7-04 Time Machineによる同期システム

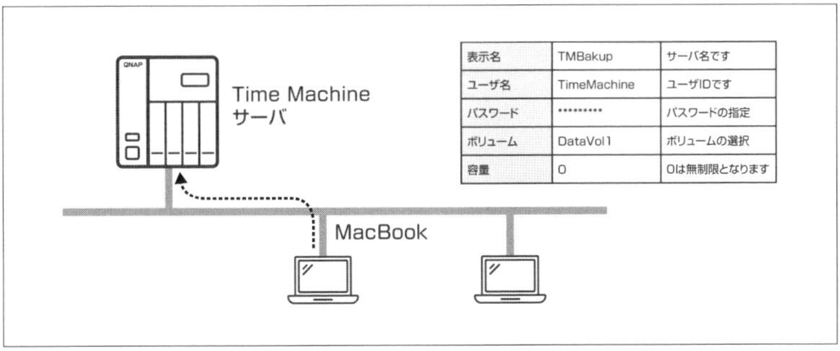

表示名	TMBakup	サーバ名です
ユーザ名	TimeMachine	ユーザIDです
パスワード	·········	パスワードの指定
ボリューム	DataVol1	ボリュームの選択
容量	0	0は無制限となります

■ Time Machine サーバの設定

Time Machineサーバの設定は、「Time Machineのサポートを有効にする」
の設定を有効にするだけで使えます。オプションとして、パスワードの設
定やボリュームの選択や容量の設定が可能です。

Pic.7-03

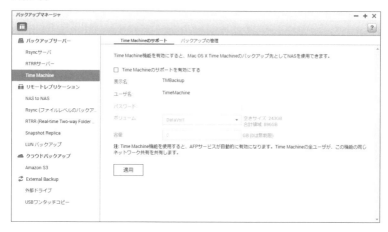

7-4 リモートレプリケーションの機能および設定

7-4-1　NAS to NASのファイルレプリケーション機能

　QNAP独自のNAS to NAS機能により、ローカルファイルをディレクトリ単位のジョブを定義して、別のNASのリモートフォルダにレプリケートできます。レプリケーションの機能としては、即時レプリケーションジョブの実行やレプリケーションジョブを定期的に指定した時間に実行するスケジューリング機能など、多彩です。そのほかの機能としてNASの認証機能との連携も可能なことから、リモートNASのアカウントで、レプリケーションジョブも作成できます。

Fig.7-05 NAS to NASのレプリケーション機能

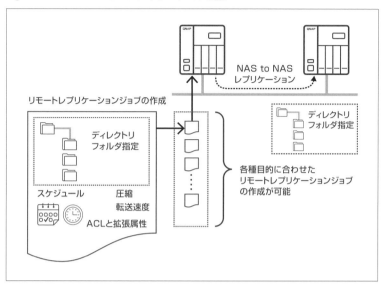

7-4-2 レプリケーションジョブの作成

　NAS to NASの複製処理を実行させるには、最初にレプリケーションジョブを作成してください。レプリケーションジョブには以下の機能を設定できます。

■ **通信の暗号処理**
　通信の暗号化処理を行った上で、レプリケーションを実行します。ここでは、ポート番号の指定が必要です。このモードを利用するには、「コントロールパネル」の「ネットワークサービス」で、「Telnet/SSH」の設定で「SSH接続を許可する」を有効にしてください。さらに、続けてSSHと暗号化リモートレプリケーションでも同じポート番号を指定してください。デフォルトは22番です。

■ **ファイル圧縮**
　レプリケーション実行中のデータ転送処理で、ファイルの圧縮機能を有効にできます。ただし、このオプションは通信速度が遅いWAN環境やリ

モート接続環境の場合に指定してください。

■ コピーファイルの対象

コピー先のファイルが異なる場合にファイル転送を実行します。この
モードは、必ず有効にしてください。

■ リモート先の余分なファイル削除

コピー先の余分なファイルを削除する場合に指定してください。コピー
元と同期させたい場合に指定してください。

■ スペースファイルの指定

スペースファイルとは、ゼロバイトデータの大きなブロックを含むデー
タファイルのことです。このオプションを有効にすることで、リモートレ
プリケーション処理の時間が短縮されます。

■ ACLと拡張属性の複製

拡張属性に情報を保持した状態でファイルをレプリケーションします。
ただし、宛先のサーバは同じACL機能を有効にしていなければなりません。
また、同じドメインに参加している必要があります。

■ 最大転送速度

ファイルの転送速度に関する速度制限が可能です。最大転送速度として
は、毎秒1〜999999KBで設定できます。有効にしなければ無制限の転送
速度となります。

Pic.7-04

7-4-3 バックアップ周期

　QNAP NASのバックアップ周期の設定です。このバックアップスケジュールを有効にすることで、バックアップの頻度あるいは開始時間を設定できます。具体的には「毎日」、「毎週」、「毎月」、「繰り返し実行」があり、「繰り返し実行」は、時間間隔「1」、「3」、「6」、「12」時間の指定ができます。また、すべての周期設定には、開始時間を設定できます。例えばQNAP NASへの利用頻度の少ない時間帯として、22時からの設定にすれば、夜間バッチ処理としてバックアップ処理を定義できます。

Pic.7-05　リモートレプリケーション設定　　**Pic.7-06**　バックアップ周期設定

7-4-4　Rsyncによるファイルレベルのバックアップ

　Rsyncクライアント機能によるファイルレプリケーション機能です。QNAP NASのローカルファイルをディレクトリ単位のジョブを定義して、別のLinux系Rsyncサーバのリモートフォルダにレプリケートできます。レプリケーションの機能としては、即時レプリケーションジョブの実行やレプリケーションジョブを定期的に指定した時間に実行するスケジューリング機能など、多彩です。

Fig.7-06　Rsync(ファイルレベルのバックアップ)

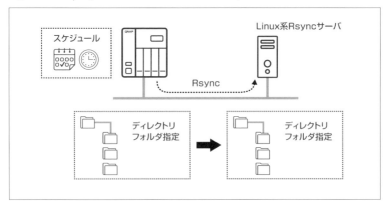

■ **Rsync(ファイルレベルのバックアップ)設定**

　Rsyncの設定は、基本的に「NAS to NAS」の設定と同じ仕様です。接続先がNASではなく、ほかのRsyncサーバとなります。設定方法については、「7-4-1　NAS to NASのファイルレプリケーション機能」の設定を参考にしてください。

Pic.7-07

7-4-5　RTRRレプリケーション

　RTRRレプリケーションの機能では、2つのQNAP NAS同士のリアルタイムデータの同期処理や定期的なスケジュールに基づくデータ同期処理などが行えます。

　リアルタイムデータの同期処理（リアルタイムモード）というのは、転送元のNAS側でファイルが新規に作成や複製された場合、もしくは既存ファイルが更新、削除されたイベントを検知した段階で、対象ファイルを自動的に複製・更新処理するレプリケーションモードです。ファイルの更新タイミングで同期処理が実行されますので、素早い転送処理が可能です。ただし、リアルタイムモードで同期処理を行う場合は、ファイルの転送方向がローカルからリモートへの1方向のデータ転送となります。

　定期的なスケジュールに基づくデータ同期処理（スケジュールモード）では、2方向同期が行えます。ファイルの同期方向としては、ローカルからリモートへ、リモートからローカルへ、と双方向のデータ転送処理が実行されます。2方向同期では、指定したスケジュールによる時間間隔（最小時間は1分から）で、同期処理を行います。転送元のNAS側でファイルが新規に作成や複製された場合、もしくは既存ファイルが更新、削除され

た場合に、それらのファイルを対象に複製・更新処理するレプリケーションモードです。

Fig.7-07 RTRRレプリケーション機能

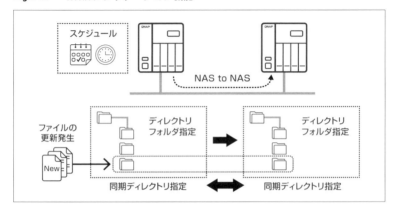

注意事項として、リアルタイムモード・スケジュールモードともに、ファイルの追加や更新だけでなく、削除も同期処理される点があります。システム全体の同期処理に利用するのではなく、一時的な添付ファイル保管や送受信フォルダなどに利用すると便利です。

また、同期処理を利用するには、必ず双方のNASの時刻同期をNTPサーバ構成に設定してください。

Tbl.7-2 同期モード

RTRR同期モード	同期タイミング	データ転送方向
リアルタイムモード	ファイルの更新イベントの発生時	1方向（ローカル->リモート） 1方向（リモート->ローカル） 1方向（ローカル->ローカル）
スケジュールモード	定期的なスケジュール	2方向（ローカル<->リモート）

■ **RTRRのオプション設定**

RTRRのオプション設定では、レプリケーションモードの選択や転送方向、ポリシーなどのきめ細かい設定が可能です。一部例外機能として「バージョン管理によるバックアップ機能」については、アプリケーション追加による拡張モードとして利用します。

7-4 リモートレプリケーションの機能および設定

□ リアルタイム

常時QNAP NASのソースフォルダを監視して、ファイルが新規に追加、更新された場合、あるいはファイル名が変更された場合に、バックアップ先として登録してあった、ターゲットフォルダに複製処理されます。

□ スケジュール

事前に定義したスケジュールに基づいて、QNAP NASのソースフォルダ側のデータに何らかの追加や更新があれば、ターゲットフォルダ側に複製処理されます。

Pic.7-08 レプリケーションオプション

□ 1方向同期

QNAP NASのソース側で、新しいファイルがコピーされた場合やファイルが更新または削除された場合など、イベントが発生すると直ちにQNAP NASのソース側からQNAP NASのターゲット側へ、1方向同期でデータ同期処理を行います。

□ 2方向同期

2方向同期は、いずれかのNAS側で新しいファイルがコピーされた場合やファイルが更新または削除された場合など、イベントが発生すると直ち

に双方のNASのデータを複製あるいは削除といった同期処理が実行されます。

Pic.7-09 同期化する場所の選択

□ バージョン管理のバックアップ機能

RTRRサーバの拡張機能として、バージョン管理のバックアップ機能が利用できます。バージョン管理機能を利用することで、長期世代管理によって、さまざまなニーズに対応できる過去データの復元が、ファイル単位で処理できます。バージョン管理機能については、アプリケーション追加による拡張モードとして利用できます。

Fig.7-08 バージョン管理のバックアップ機能

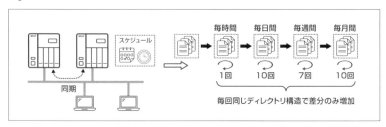

7-4 リモートレプリケーションの機能および設定

7-4-6　Snapshot Replica

　Snapshot Replicaのバックアップは、スナップショットでバックアップ
したデータの複製をほかのNASに転送する機能です。この機能を利用す
ることで、NASのボリューム単位で複製することが可能となり、1回目の
完全複製が完了した以降は、差分のみが転送されます。Snapshot Replica
の機能を利用することで、大きなファイルサイズのデータが更新された場
合であっても差分データが発生したブロックのみが転送されます。従来の
ファイル単位で差分データを転送する方式に比べて、高速なデータ転送に
よるバックアップ処理が可能です。注意事項として、Snapshot Replicaの
機能を利用するには、4GB以上のメモリを装着した機種に限定されます。
さらにディスクサイズがボリューム単位となるので、転送先が転送元より
も大きなディスクの空き容量が求められます。

Fig.7-09　Snapshot Replica機能

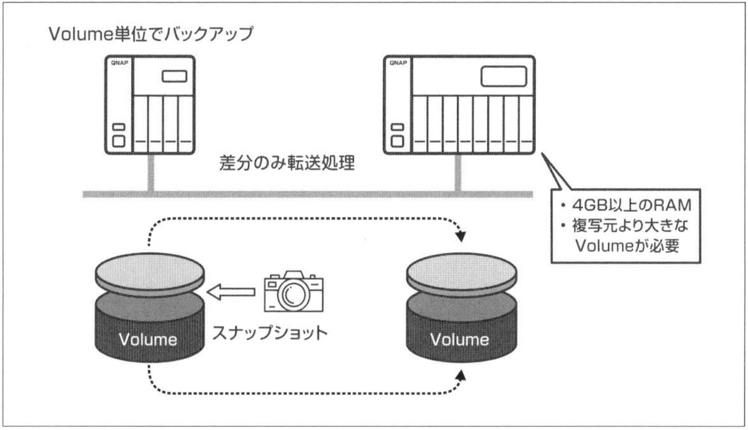

■ Snapshot Replicaの設定

　Snapshot Replicaの設定は、「バックアップマネージャ」の「リモートレ
プリケーション」でできます。ここで、「レプリケーションジョブ」を作成
することで、Snapshot Replicaの機能を利用できます。ほかのレプリケー
ション機能との違いは、データの転送をブロック単位で複製処理を行うの
で、ディスクサイズはボリューム単位での指定となります。つまり、転

Chapter.7 データバックアップの基本と応用例

送元のサーバのボリュームサイズが3TBの場合は、転送先のサーバのボリュームサイズが3TB以上の空き容量が要求されます。

Snapshot Replicaでバックアップされたファイルは、ボリューム単位あるいはファイル単位で復元処理することが可能です。

Pic.7-10

■ スナップショットのメカニズム

QNAPのスナップショット技術は、アルゴリズムとして「Copy-On-Write」方式を採用したブロックベースのバックアップシステムです。データが変更された差分のみをスナップショット層として積み上げていきますので、高速処理が可能なほか、スナップショットを取得した日時にいつでも戻せます。また、スナップショット技術を利用した複数台のサーバ構成によるバックアップシステムを構築することで、効率よく差分データの転送処理が可能になります。

Fig.7-10

さらにこの優れたスナップショット技術を応用した「Snapshot Vault」という機能を利用することで、転送元のサーバで取得したスナップショットを、転送先のサーバでもアーカイブ・復元処理できるようになります。遠隔地のサーバでもスナップショットの復元処理が可能になるということですが、この機能については後述します。

7-4-7　LUNバックアップ

　LUNバックアップは、iSCSIモードにおけるデータのバックアップシステムとして利用できます。LUNバックアップを利用するには、最初にiSCSIモードを有効にした上で、設定を開始してください。LUNレベルでのバックアップは、共有(SMB/CIFS)、Linux共有(NFS)またはNASのローカルフォルダのいずれにでもできます。

Fig.7-11

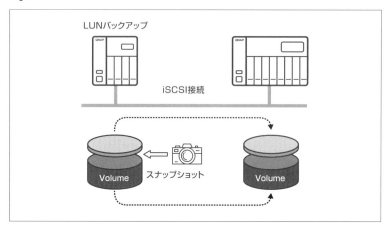

7-5 クラウドバックアップの設定と外部ドライブの設定

7-5-1　Amazon S3 (Simple Storage Service)

　Amazon S3は、AmazonのWebサービスに対応したQNAPのファイルベースのアップロードとダウンロードが可能なレプリケーション機能です。Amazon S3は、従来のディレクトリ構造で管理するファイルサーバとは異なり、データサイズやデータ数の保存制限がありません。大容量データの保存に適しています。また、遠隔地保管となるため、自然災害や火災などでストレージが破損した場合でも事業継続が可能となり、BCP対策としても効果的です。AWS (Amazon Web Services)で提供されるオブジェクトストレージへのWebサービスです。オブジェクトストレージは、データを「オブジェクト」という単位で扱うストレージサービスです。S3を利用するには、バケットと呼ばれる器を用意して、バケット内にデータを保存できます。

7-5 クラウドバックアップの設定と外部ドライブの設定

Fig.7-12

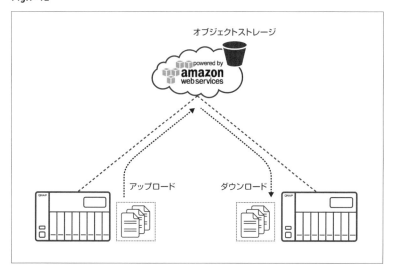

■ Amazon AWSへのバックアップ

　Amazon AWSへのバックアップは、BCP対策としてはとても効果的です。QNAP NAS同士でデータをバックアップしても、ビルの火災や自然災害により、オフィスに設置されている機材が破損する恐れがあります。そのような不慮の事故が発生した場合でもAmazon AWSにバックアップしていれば安心です。

Pic.7-11

7-5-2 外部ドライブ（USBバックアップ）

市販されているUSBなど外部ストレージへのバックアップです。QNAPはUSB接続できますので、QNAP本体に障害が発生した場合でも、USB外部ストレージをほかのPCに接続することで、バックアップしてあったファイルへのアクセスが可能です。USB外部ストレージとして接続可能な機種については、QNAPのホームページに掲載されている適合リストを参考にしてください。

Fig.7-13 外部ドライブへのバックアップ

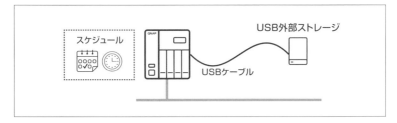

■ ジョブの作成

外部ドライブへのバックアップ処理でもスケジュールによるジョブの作成が可能です。NTFSでフォーマットされたUSBディスクへのバックアップが可能なので、Windowsパソコンでも閲覧できます。

Pic.7-12

7-6 データバックアップの応用例

QNAP NASのバックアップ機能は、大別すると前述した表（**Tbl.7-1**）の通り4種類（Snapshot Replica、RTRR、Rsync、NAS to NAS）のバックアップ方法がありますが、NAS to NASによるデータのバックアップ方式が最もシンプルな操作で安心して使えるバックアップ方式です。QNAPの初級者は、できるだけこのNAS to NASのバックアップ方式から利用されることをお勧めします。NAS to NASの機能が使いこなせるようになった段階で、高度なSnapshot Replicaの優れたデータバックアップシステムにチャレンジしてみてください。

7-6-1　NAS to NAS構成による基本的なデータバックアップ方式

図（**Fig.7-14**）のような主ファイルサーバを用いたデータ共有とバックアップシステムによる最もシンプルな構成です。ここで、注目するべきポイントは、主ファイルサーバとバックアップサーバが同じモデルで構成していることです。またバックアップサーバは、バックアップストレージでファイルバックアップを行うので、3台構成になります。基本的なバックアップシステムとして、「Rsync」サーバと「NAS to NAS」の構成によるバックアップ方式について説明します。

Fig.7-14　シンプルな構成によるデータバックアップ

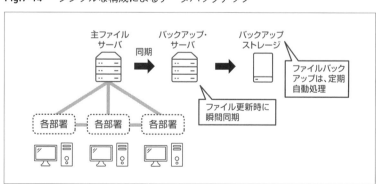

①「Rsync」サーバの立ち上げ

最初にバックアップサーバ側にて、「Rsync」サーバを立ち上げて、リモートサーバからのバックアップを準備します。

Pic.7-13

②「NAS to NAS」のレプリケーションの作成

主ファイルサーバにて、「NAS to NAS」を選択し、最初にレプリケーションジョブを作成します。

Pic.7-14

③レプリケーションジョブの作成

「レプリケーションジョブの作成」画面（**Pic.7-15**）が表示されたら、最初

に「リモートレプリケーションジョブの名前」を定義してください。ここでは、「Backup」としています。次に「リモートサイト」の設定ボタンをクリックして、リモートサーバのIPアドレスを入力してください。

Pic.7-15

④リモートサーバの設定

　リモートサーバの設定画面（**Pic.7-16**）では、リモートサーバのIPアドレスまたはサーバの名前を入力してください。次に「ユーザ名」と「パスワード」を入力します。ここではユーザ名は管理者クラスがベストなので、「admin」と入力します。一般ユーザでも問題はありませんが、バックアップ先のフォルダにおけるアクセス権限を持っている必要があります。次のポート番号では、デフォルトの「873」としています。すべての項目を入力後、正しい設定値であるかどうかの確認を行います。「テスト」ボタンをクリックすることで、主ファイルサーバとバックアップサーバ間の通信テストを行います。テスト通信が正常に終了すれば、通信速度の計測値を表示してくれます。

Chapter.7 データバックアップの基本と応用例

Pic.7-16

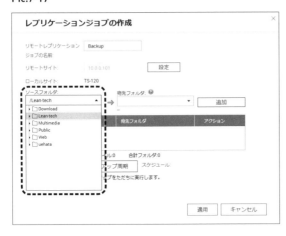

⑤主ファイルサーバのソースフォルダの指定

次に主ファイルサーバのバックアップ元となるソースフォルダのフォルダ名を指定します。ここでは、「Lean-tech」というフォルダ名を指定しています。

Pic.7-17

⑥宛先フォルダの指定

次にバックアップサーバのフォルダ(宛先フォルダ)を指定します。ここでは、「data」フォルダを指定しています。次に「追加」ボタンをクリックすることで、設定作業は完了です。これで、バックアップ元となるソースフォルダとバックアップ先となる宛先フォルダの設定が完了しました。

7-6 データバックアップの応用例

Pic.7-18

レプリケーションジョブの作成 ×

リモートレプリケーション Backup
ジョブの名前:

リモートサイト: 10.0.0.101 　設定　

ローカルサイト: TS-120

ソースフォルダ:
/Lean-tech ▼

宛先フォルダ: 　　　　　　　　　　　　　　追加
/data ▲
▶ ☐ Web
▶ ☐ Public
▶ ☐ data

ソースフォルダ　　　　　　　　　　　　　　アクション

合計ファイルサイズ:0 合計ファイル
オプション　　バックアッ
☑ バックアップと

適用　　キャンセル

⑦オプションの設定

　ここで、NAS to NASのオプションボタンを押すことで、ファイル転送における通信のポート番号の変更や暗号機能、ファイル圧縮、最大転送速度の設定などが可能です。

Pic.7-19

オプション ×

☐ 次のポート番号での暗号化を有効にする: 22

(注: 暗号化レプリケーションジョブを実行するには、リモートホストでSSH接続を有効にし、"admin" アカウントを使用します。さらに、ポート番号にはリモートホストのSSHポートと同じ番号を使用します)。

☐ ファイル圧縮を有効にする

☑ コピー先のファイルと異なるファイルのみをコピーする

☐ リモート宛先の余分なファイルを削除する

☑ スパースファイルを効率的に処理する

☐ ACL と拡張属性の複製

☐ 最大転送速度を有効にする

最大転送速度(KB /秒): 10

適用　　キャンセル

⑧バックアップ周期の設定

　バックアップ周期の設定は、バックアップ処理の自動処理です。スケ

187

ジュールを有効にすることで、例えば、毎日0:00にバックアップを開始するとか、毎週月曜にバックアップを実施するといったスケジューリングが可能です。

Pic.7-20

⑨レプリケーションジョブの設定完了

レプリケーションジョブの設定が完了したところで、「適用」ボタンをクリックすることで、設定が完了します。以下(**Pic.7-21**)のようにデフォルトでは、適用ボタンをクリックすると同時にバックアップジョブが開始されます。開始を即時実行したくない場合は、「バックアップをただちに実行します」のチェックを外してください。

7-6 データバックアップの応用例

Pic.7-21

※（レプリケーションジョブの作成ダイアログ）

⑩レプリケーションジョブのリスト表示

レプリケーションジョブは、以下（**Pic.7-22**）のようにいくつかのバックアップジョブとして定義し、まとめて管理できます。このリスト表示では、同じフォルダを指定する場合でもバックアップ頻度を変えたり、宛先フォルダや宛先サーバなどを変えたりするなどできるので、バックアップ作業の自動化処理機能として、便利なジョブ管理です。また、各レプリケーションジョブについては、すべての初期結果がログに記録されています。レプリケーション中に何らかの通信エラーが発生し、バックアップが中断していた場合などをあとから確認できます。

Pic.7-22

7-6-2　Snapshotレプリケーションの操作

　QNAP NASのバックアップ機能で最も優れているのがSnapshotレプリケーションです。いくつかの機能と操作方法について解説します。

　Snapshotレプリケーションは、図(**Fig.7-15**)のように「Snapshot」と「Snapshot Replica」、「Snapshot Vault」の3つの機能で構成されています。少々誤解を招くのがそれぞれの機能は、それぞれのサーバに装備していますので、方向感を間違えると別のデータを復元することになります。順次データの推移を理解した上で管理することが重要です。

Fig.7-15

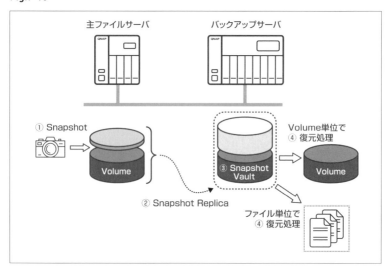

□ Snapshot (主ファイルサーバ)

　主ファイルサーバにて、Snapshotによるデータのバックアップを取得するコマンドです。このモードだけでもセルフバックアップが可能です。Snapshot取得後は、Snapshot Replicaによるバックアップサーバへのデータ転送を行いバックアップできます。

□ Snapshot Replica (主ファイルサーバ)

　主ファイルサーバからバックアップサーバにSnapshotデータを転送す

7-6 データバックアップの応用例

るコマンドです。Volume単位となりますので、転送先には大容量のストレージが必要です。1回目のデータ転送では、全ボリューム転送となりますので、転送に時間がかかります。2回目からの転送では、差分ファイルのみのデータが転送処理されますので、短時間に処理されます。

□ Snapshot Vault（バックアップサーバ）

バックアップサーバにて、主ファイルサーバのSnapshotを受け取るとSnapshot Vaultとして管理します。Vaultからは、Volume復元とファイル単位復元モードが選択可能です。特にファイル単位の復元機能はとても便利です。

①スナップショット機能のメニュー画面

「ストレージマネージャ」から「スナップショット」タブをクリックして以下の画面（**Pic.7-23**）を表示してください。

スナップショットの機能としては、「スナップショットを撮る」と「スケジュール」、「スナップショットマネージャ」の3つの機能が用意されています。

Pic.7-23

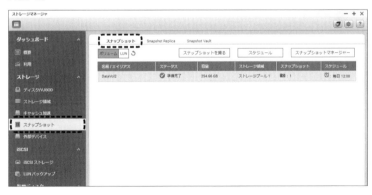

②スナップショットを撮る

現在の主ファイルサーバのVolume全体のスナップショットを撮ります。スナップショットの使用に関する注意事項が表示されます。以下（**Pic.7-24**）のようにパフォーマンスが低下するという課題はあるものの、

191

スナップショットの利便性を考えると多少の犠牲は我慢できるメリットが得られます。

Pic.7-24

③スナップショットの保存期間の設定

スナップショットの保存期間を設定します。通常は7日程度でしょう。長期保管も可能ですが、ディスク容量が圧迫されます。

Pic.7-25

④スナップショットのスケジュール設定

スナップショットのスケジュール設定です。「スケジュールを有効にする」をオンにすることで、以下（**Pic.7-26**）のように「毎日：12:00」に「保存期間：1週間」、「スマートスナップショットを有効にする」ことで、スナップショットのスケジュールを設定できます。

Pic.7-26

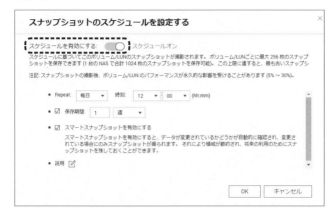

⑤スナップショットマネージャ

スナップショットマネージャは、撮影したスナップショットの「スナップショットを撮る」、「スケジュール」、「復元」操作のほかに、コントロール機能として、メニューバーに「検索」、「一覧ビュー」、「クローン」、「削除」、「開く」、「ダウンロード」コマンドが利用できます。各コマンドの機能は以下の通りです。

□ **検索**

名前や容量などで、検索できます。

□ **一覧ビュー**

スナップショットのリスト表示を「一覧表示」と「タイムライン表示」の切り替えができます。

□ **クローン**

スナップショットのクローンが作成できます。

□ **削除**

スナップショットを削除できます。

□ **開く**

スナップショットのフォルダを開けます。

□ **ダウンロード**

スナップショットをダウンロード(復元)できます。

Pic.7-27

7-6-3　Snapshot Replicaを使ったデータバックアップ

　Snapshot Replicaの機能を利用することで、主サーバで取得したスナップショットをバックアップサーバに転送させることができます。Snapshot Replicaは、「バックアップマネージャ」と「ストレージマネージャ」にもありますが、いずれも同じ機能です。Snapshot Replicaを利用するには、転送先のリモートNASが同じSnapshot Replicaの機能を持っていることに加え、本体メモリが4GB以上のRAM、転送元よりも大きなDISKボリュームサイズ、SSH接続を許可している必要があります。

■ バックアップマネージャのSnapshot Replica
　バックアップマネージャのSnapshot Replicaです。バックアップマネージャからの「Snapshot Replica」の入り口です。

7-6 データバックアップの応用例

Pic.7-28

■ ストレージマネージャの Snapshot Replica

ストレージマネージャにも同様に Snapshot Replica が存在しますのが、まったく同じ機能です。設定値も同じように記録されますので、入り口のメニューが異なるだけで、内容はいずれも同じ Snapshot Replica です。

Pic.7-29

①レプリケーションジョブの作成

レプリケーションジョブは、スナップショットのデータをバックアップに自動的に転送処理を実行させるためのジョブ定義です。ここでは、ジョブ名を定義することで、複数のスナップショット転送先サーバを管理できます。

195

Pic.7-30

②リモートサイト設定

バックアップサーバの接続設定です。サーバ名あるいはIPアドレスを入力し、管理者IDとパスワードを入力してください。「テスト」ボタンを押すことで、接続試験ができます。

Pic.7-31

7-6 データバックアップの応用例

③バックアップサーバへの接続

　バックアップサーバへの接続が成功すると、「レプリケーションジョブの作成」画面（**Pic.7-32**）が表示されます。ここで、バックアップサーバのディスク容量が不足している場合は、画面のように「リモートサイトの領域不足」というエラーが表示されています。これは、スナップショットのボリュームサイズが転送先のサーバで受け取れないことを意味しています。したがってこのようなエラーが発生した場合は、レプリケーションジョブを作成できません。スナップショットのボリュームサイズ以上のバックアップサーバを指定してください。

Pic.7-32

④レプリケーションジョブリストの表示

　Snapshot Replicaのレプリケーションジョブの作成が完了すると、ジョブ名で定義したレプリケーションリスト（**Pic.7-33**）が表示されます。ここで、レプリケーションを実行するには、「アクション」項目にある「プレイボタン」をクリックしてください。レプリケーションジョブが正常に終了すると転送先のバックアップサーバにスナップショットが複製されます。転送されたスナップショットは、Snapshot Vaultを使うことで、復元処理ができます。

Pic.7-33

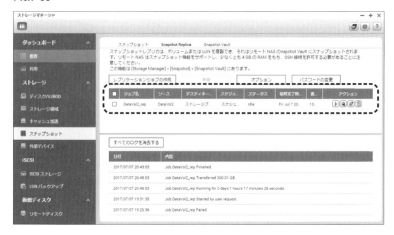

7-6-4　Snapshot Vaultの機能設定

　SnapshotおよびSnapshot Replicaまでの処理は、主ファイルサーバにて行いますが、Snapshot Vaultは、転送先となっていたバックアップサーバ側に切り替えて操作を行います。Snapshot Vaultの優れている点は、スナップショットを取得したサーバとは異なるサーバで、しかも非同期状態で操作が可能です。つまり、主ファイルサーバで障害が発生した場合でも単独でスナップショットから目的のファイルの復元操作が可能になるということです。

①Snapshot Vaultの設定画面
　Snapshot Vaultの設定画面は、ストレージマネージャの「スナップショット」タブにあります。ここで、Snapshot Vaultの操作を行うには、「スナップショット表示」のボタンをクリックしてください。

7-6 データバックアップの応用例

Pic.7-34

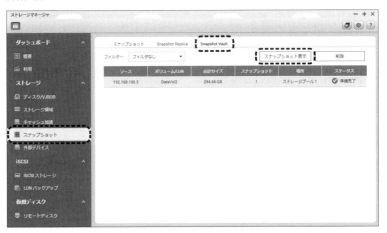

②Snapshot Vaultの操作画面

Snapshot Vaultの画面を開くと、Snapshotと同じ操作画面が表示されます。

Pic.7-35

③ファイルの復元操作

Snapshot Vault画面から目的のファイルを復元操作するには、Snapshotの操作と同じようにファイルを選択して、「復元」ボタンをクリックします。

199

すると、「ファイルの復元先」と表示されるのでこれをクリックしてください。

Pic.7-36

④ファイルの復元先の指定

ファイルの復元先を指定してください。例示では、「/Public/KVM」を指定しています。「OK」ボタンを押すことで、復元処理が実行されます。

Pic.7-37

⑤復元処理の実行

復元処理の実行が始まっても直ちに復元ファイルが表示されるわけではありません。ファイルサイズにもよりますが、ファイルをコピーしたときと同じぐらいの時間がかかります。

Pic.7-38

Chapter.7　データバックアップの基本と応用例

Chapter.8

ネットワーク機能と仮想スイッチ

8-1 ネットワーク機能の概要

QNAPには、優れたネットワーク機能として、ポートトランキングやVLAN対応、仮想スイッチの搭載など、豊富な機能が満載です。これらネットワーク機能の概要について説明します。

8-1-1 ネットワークアダプタ

QNAP NASのネットワークアダプタとしては、標準でGigabit Ethernetの2ポートあるいは4ポートタイプが出荷されています。さらに上位機種となると、高速の10Gigabit Ethernetが標準で2ポート、さらに拡張スロットによる高速のネットワークアダプタの増設が可能で、40Gigabit Ethernetの超高速ネットワークシステムの構築も可能です。

Pic.8-01 2 x Gigabit ports

Pic.8-02 4 x Gigabit ports

Pic.8-03 2 x 10GBASE-T ports, 4 x Gigabit ports

8-1-2 ポートトランキングとは

ポートトランキングは、複数の物理ポートを結合させた冗長性を高めるためのネットワークシステムです。ポートトランキングを利用することで、ネットワーク帯域幅を増やしたり、クライアントの負荷を分散させたりできます。また、ポートトランキングには、フェイルオーバー機能も備えており、ネットワークポートに断線や接触部分のサビなどによる何らかの障害が発生した場合であっても、片側のネットワーク機器などにより、ネットワーク接続を維持させられます。

ポートトランキングは、LACP (Link Aggregation Control Protocol) と

も呼ばれていて、IEEE 802.3ad仕様で動作しています。複雑なアルゴリズムを利用し、速度と二重性の設定に基づいて、アダプタを束ねられます。負荷分散とフォールトトレランスを与えますが、IEEE 802.3ad 対応のスイッチが必要であり、LACP モードを適切に構成する必要があります。

8-1-3　VLANシステムの機能

VLAN (Virtual LAN) とは、物理的に異なった場所に設置された機器であっても、仮想的なネットワークグループとして、VLAN グループ定義することで、同じブロードキャストドメインに接続されているネットワークのように通信できます。

QNAP NASでは、ネットワーク機能として、このVLAN機能が標準でサポートされています。VLANネットワークを利用することで、企業の組織体に合わせたグループ別のネットワーク構成やグループ単位でのネットワーク制御が可能です。例えば、グループに属さないVLANユーザあるいはネットワーク機器は、所属するVLAN グループ以外へのネットワークにアクセスできません。つまりVLANのグループごとにネットワークが隔離された状態でデータ転送が制御できるため、ネットワーク管理とセキュリティレベルを飛躍的に向上させられます。

■ VLAN ID

VLAN グループに参加するには、ネットワークインターフェースのネットワークアダプタ設定でVLANを「有効」にし、VLAN IDを入力することで、参加できます。VLAN IDの値は、1〜4094の範囲の値を入力してください。例えば、10や40といったVLAN グループを定義した場合、各グループに参加する際に、それぞれのVLAN ID として、10や40を入力することで参加できます。

■ VLANの注意事項

注意事項としては、VLAN IDの値を間違えて入力すると、ネットワークアダプタがVLANに参加できなくなります。この状態になると事実上のオフライン状態となります。また、正常に動作したあとでも、後日VLAN IDを忘れたりネットワーク構成が変更されたりすると接続できなくなる

場合があります。

そのような場合には、QNAP NASの本体裏面にあるリセットボタンを押して、ネットワーク設定をリセットしてください。そうすることで、VLAN設定も含めて、QNAP NASのネットワーク設定がリセットされます。このようにVLAN機能の設定は、注意が必要です。VLANは、QNAP NASの本体ネットワーク構成（QTSデスクトップが使えるセグメント）に設定することは避けた上で、ほかのネットワークインターフェースを介して設定をすることをお勧めします。

Fig.8-01 VLAN機能

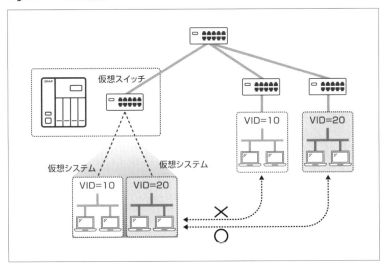

8-1-4 仮想スイッチ機能

「ネットワークと仮想スイッチ」（**Pic.8-04**）では、「インターフェース」（LANアダプタ）と「仮想スイッチ」と連動して、IPv4やIPv6の設定、USB無線LANやThunderboltなどの通信デバイスとの統合的な管理が可能です。仮想スイッチの機能をNetwork & Virtual Switchは、ネットワーク接続を作成し、構成し、管理する中心的な場所になります。ローカルとリモート両方のネットワークにコンピュータやデバイスを接続できます。

仮想スイッチは、GUIによる優れた操作性を備え直感的で使いやすい

ツールです。Virtualizationによる仮想サーバやネットワークの接続状態を簡単に確認・設定ができます。ネットワークと仮想スイッチを管理するための作業と手順について説明します。

Pic.8-04

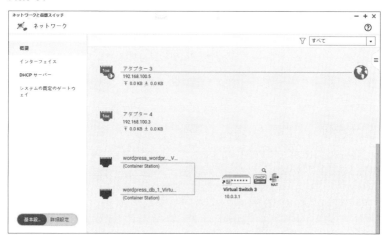

□ 概要

ネットワークの全体構成をビジュアルに表示します。ネットワーク全体を俯瞰的に閲覧できます。

□ インターフェース

LANアダプタの設定を行います。IPアドレスの設定やVLAN IDの設定、ポートトランキングなどの設定が可能です。

□ 仮想スイッチ

仮想スイッチの設定を行います。このモードの設定は、高度な知識を必要としますので、一般的な利用者は、「基本設定」を選んでください。そうすることで、この「仮想スイッチ」のメニューが表示されなくなります。

□ DHCPサーバ

DHCPサーバの設定を行います。QNAP NASに接続しているクライアントへのIPアドレスの割当を自動的に行えます。ネットワーク環境内部ですでにDHCPサーバが構築さている場合は、設定しないでください。

Chapter.8 ネットワーク機能と仮想スイッチ

□ システム規定のゲートウェイ

システム規定のゲートウェイアドレスを指定します。複数のインターネットアクセスあるいはVPNなどの接続を優先する場合に設定します。通常は、デフォルト設定の状態で使います。

8-1-5 インターフェースの設定

「インターフェース」の設定画面（**Pic.8-05**）を開くと、QNAP NAS本体に装着されているLANアダプタの状態が表示されます。画面（**Pic.8-05**）の状態は以下の通りです。

Pic.8-05 インターフェース設定画面

□ アダプタ1（1GbE）

仮想スイッチに設定された状態です。仮想スイッチのアイコンが表示されていますので、「接続済み」を表示しています。IPアドレスは、「10.0.0.101」が設定されています。ネットワークの速度は、「1Gbps」となっています。さらにこの画面からは、アダプタ1が固定IPアドレスが設定されていることまでわかります。

□ アダプタ2（1GbE）

アダプタ2は、ケーブルが接続されていません。「切断済み」となっています。

□ アダプタ3（1GbE）

　アダプタ3は、VLAN IDとして、「101」が割り当てられています。IPア
ドレスは、「192.168.101.5」が割り当てられています。さらにこの画面で
わかることは、IPのマークがついているので、DHCPによる自動取得の
IPアドレスとなっています。

□ アダプタ4（1GbE）

　アダプタ4は、アダプタ3と同じVLAN IDが割り当てられており、「102」
のグループに属しています。VLANの101と102では、それぞれの異なるネッ
トワークアドレスが割り当てられています。

8-1-6　DNSサーバ

　DNS (Domain Name System) サーバは、インターネットの接続に必要
なIPアドレスをドメイン名から変換し、取得するサービスです。一般的
なネットワーク環境の場合は、ルータなどのゲートウェイアドレスが割り
当てられています。

　ここでは、DNSサーバのIPアドレスを指定するようにNASを構成でき
ます。IPアドレスのマニュアル指定を選択した場合、プライマリとセカ
ンダリのDNSサーバのIPアドレスを入力してください。「8.8.8.8」のアド
レスはパブリックサービスのDNSサーバです。

Pic.8-06

8-1-7 ポートトランキング設定

QNAP NASのポートトランキング機能は、スイッチ不要のNAS直結(VJBOD)接続と一般スイッチ経由によるストレート接続、さらには管理対象スイッチ(ポートトランキング/LACP)接続の3種類の接続タイプから選べます。

ポートトランキング接続とは、2つ以上のLANアダプタを1つに結合して帯域幅を増やしたり、ネットワークの負荷分散をしたりすることで、ネットワークのパフォーマンスを向上させられます。また、LANケーブルやそのほかのネットワーク機器などの障害発生に対応した耐障害性(フェイルオーバー)に優れた可用性を高める効果も得られます。

QNAP NASでポートトランキングを設定するときは、「追加」ボタンを押してください。

Pic.8-07

ポートトランキングの追加では、少なくとも2つのLANアダプタを同じスイッチに接続して設定してください(**Pic.8-08**)。次に、「一般スイッチ」(**Pic.8-09**)を選びます。

Pic.8-08

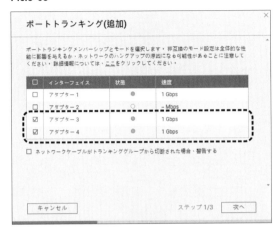

Pic.8-09

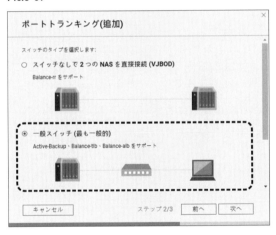

　ポートトランキングのモードを選択してください（**Pic.8-10**）。トランキング機能は、表（**Tbl.8-1**）のように、3種類の設定モードが用意されています。適切なトランキングモードを選択してください。

Pic.8-10

Tbl.8-1 トランキングモード

トランキングモード	特徴	備考
Active-Backup	Active-Backupは、LANアダプタの結束状態で、障害が発生した場合、どちらか片方のLANアダプタが有効になります。	フェイルオーバー機能を提供します。ポートに障害が発生した場合でも、ネットワーク接続が維持されます。
Balance-tlb	送信トラフィックは、各LANアダプタのネットワーク負荷に基づいて分散されます。受信トラフィックは、アクティブなLANアダプタより受信されます。アクティブなLANアダプタが故障した場合は、別のLANアダプタがMACアドレスを引き継ぎます。	ネットワークの帯域幅を改善します。複数のクライアントからのアクセスに対する転送速度を改善します。さらにフェイルオーバー機能も提供しますので、LANアダプタに障害が発生した場合でも、ネットワーク接続が維持されます。
Balance-alb	送信・受信共に負荷分散します。通信相手のARP テーブルを書き換えることでLANアダプタが選択されます。(ARP ネゴシエーション)	

8-1-8 IPv6設定

IPv6の設定は、まず、「IPv6」ボタンをクリックします(**Pic.8-11**)。次に、「IPv6を有効にする」オプションを選択し、QNAP NASを再起動することで有効となります。再起動後、IPv6ページに移動することで、IPv6のインターフェースの設定が表示されるようになります(**Pic.8-12**)。

8-1 ネットワーク機能の概要

　IPv6をサポートする各種サービスは、CIFS/SMB、AFP、NFS、FTP、iSCSIなどの通信サービスで利用できます。

Pic.8-11

Pic.8-12

8-1-9　仮想スイッチの設定

　仮想スイッチを利用することで、各仮想サーバへのネットワーク接続や

213

Chapter.8 ネットワーク機能と仮想スイッチ

コンテナシステムへのネットワークサービスの割当や制御などの運用管理ができます。また、各種ネットワークリソースを最適化することも可能なため、例えば、Thunderboltや1GbE、10GbE、40GbEといった高速LANアダプタの切り替えも可能になります。さらに、仮想スイッチを利用することで、QNAP NASから独立したネットワークトラフィックを制御した外部ネットワーク用のセグメントを構築し、QNAP NASの仮想サーバで構築したWebサーバなどをインターネットに安全に公開することが可能です。

①仮想スイッチの追加

仮想スイッチを追加・設定するには、仮想スイッチの「追加」ボタン（**Pic.8-13**）を押してください。仮想スイッチのモードは、「詳細モード」（**Pic.8-14**）を選んでください。

Pic.8-13 仮想スイッチの設定画面

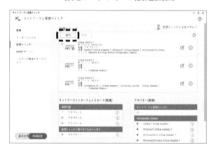

Pic.8-14

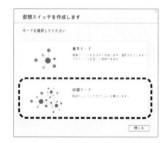

②仮想スイッチの設定

ここで、以下（**Pic.8-15**）のように仮想スイッチを作成するLANアダプタを選択します。物理アダプタを選択し、IPアドレスを割り当てます。デフォルトでは、DHCPクライアントとなっていますが、静的IPアドレスを選択してから固定IPアドレスを入力することをお勧めします（**Pic.8-16**）。IPアドレスが自動的に変更されてしまうと、仮想サーバのIPアドレスにも影響を与えますので、静的IPの設定が安心です。

Pic.8-15

Pic.8-16

　仮想スイッチのオプションとしては、「NATを有効にする」「DHCPサーバを有効にする」がありますが、これらの機能は必要なときに設定するので十分です(**Pic.8-17**)。設定確認画面(**Pic.8-18**)で、設定内容を確認して、問題がなければ「適用」ボタンを押して次に進めてください。

Pic.8-17

Pic.8-18

③外部モードの設定

QNAP NASの仮想サーバを外部のインターネットに公開するときに設定してください(**Pic.8-19**)。このモードを利用するとQNAP NASからは完全に切り離された状態でネットワークが割り当てられます。外部ネットワークとQNAP NASが分離されますので、QNAP NASが外部からの攻撃

を受ける心配がありません。外部ネットワークを利用する場合には、このモードを利用してください。実際のIPアドレスは、仮想サーバの内部で設定することになります。

Pic.8-19

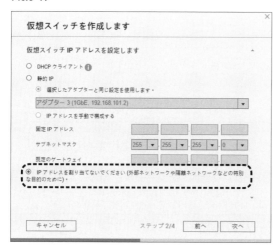

□ **外部モードの確認**

LANアダプタの設定が外部モードになると以下 (**Pic.8-20**) のアダプタ3のようにIPアドレスが割り当てられていないことがわかります。この状態になっていれば、外部からQNAP NASへのアクセスができないようになっています。LANのアダプタ4については、インターネットの外部に仮想サーバを公開することが可能です。

Pic.8-20

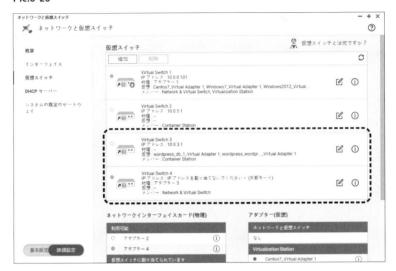

8-1-10　DHCPサーバの設定

　DHCP (Dynamic Host Configuration Protocol)サーバは、仮想サーバに対するIPアドレスの割当を自動で行えます。各仮想スイッチにDHCPサーバによる独立したセグメント単位にIPアドレスを配布できます。ただし、DHCPサーバの設定は、ネットワークセグメント内に1台だけの稼働制限をする必要があります。ほかにDHCPサーバが稼働しているとIPアドレスの競合またはネットワークアクセスエラーが発生します。DHCPサーバの設定は、これらの問題を理解した上で、DHCPサーバの設定を有効にしてください。

①DHCPサーバの追加
　「DHCPサーバ情報」の設定画面で、「追加」をクリックすること（**Pic.8-21**）で、DHCPサーバがLANアダプタごとに追加されます（**Pic.8-22**）。

8-1 ネットワーク機能の概要

Pic.8-21

Pic.8-22

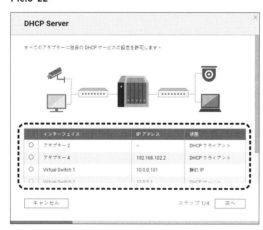

②別のサブネットのDHCPを有効にする

　DHCPサーバのモードを選択します。ここでは、「別のサブネットの DHCPを有効にしてください」を選択します（**Pic.8-23**）。次にDHCPサーバの開始アドレスと終了アドレスを設定し、そのほかにもDHCPのリース時間やゲートウェイ、DNSサーバなどの設定を行います（**Pic.8-24**）。ここ

219

で設定した値がIPアドレスを要求してきたコンピュータに配布されます。

Pic.8-23

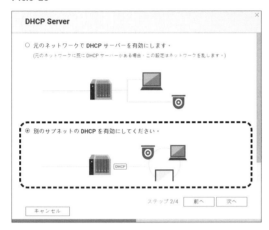

Pic.8-24

③システムの既定のゲートウェイ

システムの既定のゲートウェイを選択できます。システムゲートウェイは、基本的に自動的に設定されますが、複数のゲートウェイが含まれるネットワークの場合は、この画面（**Pic.8-25**）で、システム既定のゲートウェイを選択してください。

Pic.8-25

8-2 リモート環境からの接続例

　VPN（Virtual Private Network）は、インターネットなどのパブリックなネットワークで、仮想的に専用線のようなLAN間接続を可能にする技術です。VPNを利用することで、低コストで安全性の高い通信回線を構築することが可能です。本節では、本格的なビジネス用途で求められているVPNネットワークの構築によるリモート環境からの接続方法とQNAP NASの便利な活用例を中心に説明します。

　VPNの接続事例として、YAMAHAのルータRTX1201を利用して説明しています。一般的なオフィスで導入されている代表的なVPN装置であるため、モデルケースとして取り上げました。残念ながら具体的なVPNの詳細設定については、ページの都合で割愛しています。

8-2-1　ネットワークの全体構成

　VPNネットワークの設計で最も複雑な課題がネットワーク同士をつなぎ合わせるLAN間接続です。スマートフォンやモバイルパソコンから接続する場合は、モバイル接続となり、ネットワーク環境が主従関係でネットワークアドレスを決められます。それに比べ、図（**Fig.8-02**）にあるよう

な本社とブランチオフィスをつなげるVPN LAN間接続の場合は、それぞれのIPアドレスが独立しているため、アドレスが衝突しないように整理したり、変換したりする必要があります。

Fig.8-02

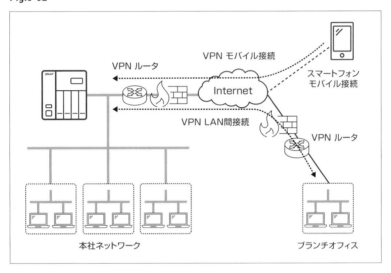

■ 暗号カプセル技術によるトンネルモードの通信

VPN通信では、インターネット上のTCP-IPの通信プロトコル上に、異なる通信プロトコルを透過的に流します。このことを「トンネリング」といいます。2つの地点間をLAN間接続した上で、内部に暗号化したデータパケットをカプセル化して転送する仮想的な通信トンネルを作る暗号通信技術です。この仮想化された暗号通信は外部と内部の2つのIPアドレスを持っています。この2つのアドレスを意識する必要があります。

図 (**Fig.8-03**) では、トンネルの外側の回線がグローバルIPによる通信回線です。直接インターネット回線における通信網です。そのトンネルの内部が暗号化されているローカルIPアドレスによる仮想的な通信回線となります。

8-2 リモート環境からの接続例

Fig.8-03

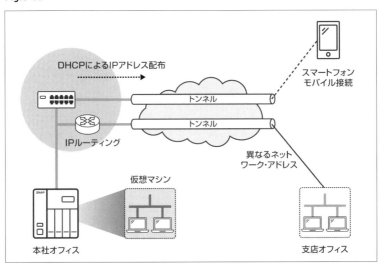

表（**Tbl.8-2**）の例では、外側のIPアドレスが「126.216.XXX.102」のグローバルIPアドレスです。内側のIPアドレスが「192.168.100.0/24」となっています。ここでの注目すべきネットワーク設計のポイントは、仮想マシンとQNAP NASのネットワークインターフェースLAN4とモバイルPCのネットワークが同一セグメントになっていることです。このセグメントのIPアドレスは、変動型として、DHCPによる自動配布にしています。セグメンドを分離することで、モバイルPCからのアクセス制限を容易に制御できます。

Tbl.8-2 ネットワーク設定例

場所		IPアドレス	説明
本社PC環境	本社側のGIP	126.216.xxx.102	本社側のインターネット・アドレス
	本社側のLAN	10.0.0.0/24	本社側のイントラネット・アドレス
	本社側のVPN	192.168.100.0/24	VPNで構築した本社側のアドレス
QNAP LAN環境 （仮想スイッチ）	QNAP LAN1	10.0.0.101	QNAP　NASのアドレス
	QNAP LAN4	192.168.100.200	VPNに接続したQNAPのアドレス
	仮想マシン	192.168.100.5	仮想マシンのIPアドレス

場所		IPアドレス	説明
支店及び モバイルPC環境	支店側のGIP	101.128.xxx.22	支店側のインターネット・アドレス
	支店側のLAN	192.168.20.0/24	支店側のイントラネット・アドレス
	支店側のPC	192.168.20.2	支店側に設置されたパソコン
	モバイルPC	192.168.100.3	リモート接続用のパソコン

■ VPNの通信プロトコル

　今回採用した通信プロトコルは、「L2TP」です。L2TPプロトコルの特長としては、標準で対応しているOSの幅が広いことです。例えば、Windows10、Mac、Android、iOSといった、スマートフォンのOSでも標準で装備されています。つまり、特別な通信ドライバを購入し、インストールする手間がありません。さらにL2TPであれば、モバイルPCのセキュリティ運用でも安心です。例えば、モバイルPCをどこかで紛失してしまった場合でも、システム管理者が事前共有キーを変更するだけでそのモバイルPCから接続できなくなります。しかもユーザ用に配布済みのパスワードを変更する必要もありません。L2TPは、ユーザID、パスワード、事前共有キーの3つの要素を入力する最も手軽で簡単な認証方式です。事前共有キーだけでは、安全性の面で不安だと感じるのであれば、さらに強力な証明書方式による認証方式も選択できるので安心です。

8-2-2　VPNルータ側のネットワーク設定

①リモート接続画面

　VPNルータから見たリモート接続の接続状況です。2台のパソコンが接続しています。

8-2 リモート環境からの接続例

Pic.8-26

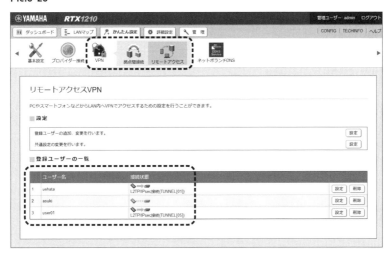

② LAN間接続

VPNルータから見た拠点間接続VPNの接続一覧の画面です。現在、「TUNNEL[03]」から接続しています。

Pic.8-27

③ルーティング設定の一覧

VPNルータのルーティング設定一覧です。「tunnel3」のIPアドレスが「192.168.20.0/24」に設定されています。

Pic.8-28

④ VPNルータの本社側アドレス

VPNルータの本社側のLAN1アドレスが、「192.168.100.1/24」と設定されています。

Pic.8-29

8-2-3 本社側のQNAP NASのネットワーク設定

■ ネットワーク概念図

QNAP NASを中心としたネットワーク概念図です。本社側のネットワークと支店側のネットワーク、モバイルネットワーク、さらには仮想マシンネットワークといったネットワーク環境をまとめると図（**Fig.8-04**）のようになります。特にVPNルータとモバイルネットワーク、仮想マシンネットワークといったこれらのネットワーク環境を構築するには、高度なネッ

トワーク知識と高価なネットワーク機器が必要ですが、QNAP NASの仮想スイッチと仮想サーバを組み合わせることで、スリムに実現できます。

Fig.8-04

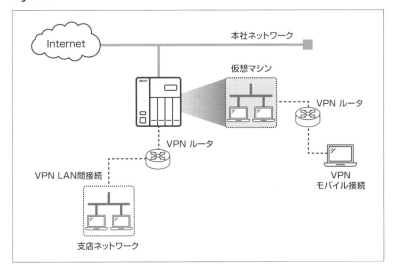

①ネットワーク設定の確認

　本社側に設定されたQNAP NASのネットワークアドレスです。LANアダプタ1には、仮想スイッチ1が設定されています。IPアドレスは、「10.0.0.101」です。支店側とのVPN接続用にLANアダプタ4を使って、仮想スイッチ5を割り当てています。IPアドレスは、「192.168.100.200」です。

Pic.8-30

②仮想サーバ設定

仮想サーバの設定画面です。ネットワークアドレスとして仮想スイッチの「Visual Switch 5」が設定されています(**Pic.8-31**)。IPアドレスは、「192.168.100.5」が与えられています(**Pic.8-32**)。このように仮想スイッチと仮想サーバを組み合わせることで、QNAPを中心としたネットワークシステムを構築できます。

Pic.8-31

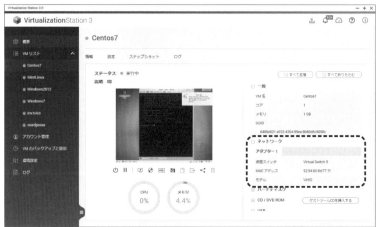

③ IfconfigによるIPアドレスの確認

仮想サーバとして、CentOS7がインストールされており、IPアドレスは、「192.168.100.5」が与えられていることが確認できます。

Pic.8-32

④支店側のパソコンからアクセスした画面

支店側のパソコンから（IPアドレス：10.0.0.11）SSHでCentOS7にアクセスしたときの画面です。VPNで接続したIPアドレスとして、「192.168.100.5」で接続されていることがわかります。

Pic.8-33

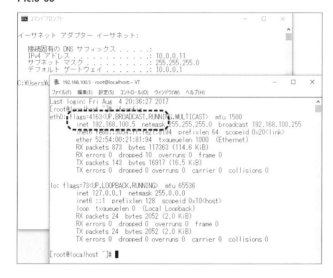

⑤ QTSのデスクトップ画面

仮想サーバだけでなく、QTSのデスクトップ画面でも接続できます。VPNで接続環境を構築したIPアドレスで接続できます。ここでのIPアドレスは、「192.168.100.200」です。

Pic.8-34

⑥スマートフォンのL2TP設定画面

　iOSには、標準でL2TPがサポートされていますので、以下(**Pic.8-35**)のようにVPNの接続先のサーバ名あるいはIPアドレス、アカウント名、パスワード、シークレット(事前共有キー)を入力することで、接続できます。

Pic.8-35

⑦Windows10のL2TP設定画面

　Windows10の場合は、「アクションセンター」→「VPN」にVPN接続用の設定メニューが用意されています。以下(**Pic.8-36**)のようにVPNの接続先のサーバ名あるいはIPアドレス、ユーザ名、パスワード、シークレット(事前共有キー)など入力することで、接続できます。

Pic.8-36

Chapter.9

仮想化支援機能と
iSCSIストレージ機能

Chapter.9　仮想化支援機能とiSCSIストレージ機能

9-1　仮想化支援機能とアプリケーション構成

　QNAPの仮想化システムは、各種仮想化システム（VMwareやHyper-V）のストレージとしての利用が可能なほか、QNAP本体のOS（QTS）にも、仮想化システムとして、Virtualization StationやDockerのContainer Stationといった仮想サーバ環境が装備されています。QNAP本体に装備されたQTSの仮想化システムの概要について、解説します。

Fig.9-01　仮想化システムによるアプリケーション構成

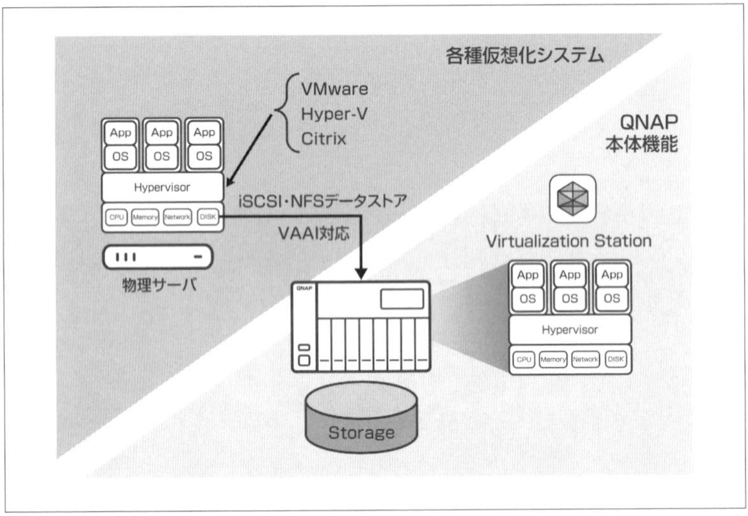

9-1-1　QNAPの仮想化システムの全体構成

　QNAPの仮想化システムは、iSCSIによる仮想化システムへのストレージ機能やQNAP本体に装備されている仮想化サーバ機能など、仮想化関連機能が豊富です。仮想化関連機能は、QNAPのQTS機能の基本機能の中でも最も難解で高度な知識を必要としているため、少々混乱するユーザも多いと考えられます。そこで、まずは全体構成から整理して理解を深めましょう。

　QNAP NASで構築する仮想サーバ機能は、大別すると3つあります。

234

iSCSIのストレージサーバとして利用するケース、QNAP本体の拡張機能による仮想サーバを構築するケース、さらにはDockerでよく知られているコンテナ型のContainer Stationによる仮想化システムです。それぞれの仮想化機能の概要は以下の通りです。

■ 仮想サーバ用のiSCSIストレージサーバ機能

iSCSIストレージサーバ機能は、QNAP NASをVMwareやHyper-Vなどの仮想サーバ用のストレージシステムとして利用する機能です。VMwareやHyper-Vでも iSCSIサーバ機能は装備されていますが、ソフトウェアの実装でしかないので、結果的にHDDやCPUといったハードウェアが必要です。それに対して、QNAP NASシステムであれば、最初からハードウェア一体型のサーバで、手軽に構築可能なほか、大容量の仮想化システムの構築が可能です。仮想サーバ用の大容量ディスクアレイを構築する場合は、QNAP NASで構築した方が、低コストで、最も有利な方式になります。さらにiSCSIモードによる互換性は、VMware Ready、Citrix Ready、Microsoft Hyper-Vなど、それぞれの仮想化システムをサポートしていますので、安心です。

物理マシンの上にハイパーバイザーとして、VMware ESXiやWindows server Hyper-Vあるいは、Ctrixなどを稼働させた上で、ストレージ部分をQNAPに接続して利用する構成となります。

メリットとしてはすべてのストレージをQNAP側で管理できることから、仮想サーバのバックアップやイメージファイルのバージョンの管理など、QNAPのストレージ管理機能を使うことで、統合的に仮想サーバの管理運用ができます。

特にVMwareの場合は、QNAPのコンソール機能として、Windows版のアドインツールが用意されていますので、操作性にも優れています。

□ VMware対応

QNAPのVMware Ready対応は、iSCSIおよびNFSデータストア両対応のサポートに加え、VMware vSphere仮想化プラットフォームとしての互換性があり、VMware仮想環境のストレージシステムとして、QNAP NASが使用できます。

Chapter.9 仮想化支援機能とiSCSIストレージ機能

- vSphere 5 VAAI (vSphere API for Array Integration) のサポート

  QNAP NASは、vSphere 5 VAAIをサポートしていますので、圧倒的なパフォーマンスの向上と効率性を実現しています。QNAPのVAAIサポート機能としては、ストレージ間のフルコピー機能、ブロック出力ゼロ化、VAAIハードウェア・アクセラレート・ロッキング機能などが含まれています。

■ **Virtualization Station による仮想サーバの機能**

QNAPのVirtualization Stationは、Linux系サーバシステムで広く採用されているKVM (Kernel-based Virtual Machine/カーネルベースの仮想マシン) による仮想マシンを実行させることができます。仮想マシンは、KVMのI/O仮想化プラットフォームとして選択され、抽象ドライバー (API) を介して、仮想マシン用にネットワークやディスクなどのデバイスがサポートされます。さらにVMware OVFのインポート、エクスポート機能による、VMwareとの互換性もサポートされています。

■ **Container Station による仮想サーバの機能**

QNAP Container Stationは、LXCとDockerの軽量仮想化技術が利用可能な仮想化プラットホームです。Container StationのDocker Hubレジストリ機能を利用することで、各種Linuxアプリケーションをダウンロードさせたり、LXCやDockerのアプリケーションを実行させたりできます。

Tbl.9-1

仮想化基盤技術	iSCSI DISK	KVM 仮想化基盤技術	Docker コンテナ技術
仮想マシン対応	Vmware Hyper-V Citrix	Virtualization Station	Container Station
互換性	VAAI for iSCSI Microsoft ODX Citrix 対応	VMware OVF エクスポート インポート	Docker, LXC
特徴	VMware Ready 6.5 Windows Server 2012 Citrix Ready 6.5	オール・イン・ワン 仮想化システム	オール・イン・ワン 仮想化システム

9-2 iSCSI ストレージとしての活用

iSCSI（Internet Small Computer System Interface）とは、従来からハードディスクのインターフェースとして広く採用されていたSCSIプロトコルをTCP/IPネットワーク上で使用する規格です。VMwareやHyper-Vなどから使えるiSCSIストレージとしての活用方法について説明します。

9-2-1 iSCSI/IP-SANストレージ

QNAP NASのiSCSI機能は、IP-SAN（ストレージエリアネットワーク）によるストレージシステムを手軽にしかも低コストで構築できます。従来、ファイバチャネルによるSAN（ストレージ・エリア・ネットワーク）の構築は、高額なネットワーク機器や装置が必要でしたが、IPネットワークによるIP-SANであれば、既存のLANアダプタやネットワーク機器などがそのまま使える上にTCP/IPネットワークの通信を使って、高度なSCSIコマンドによるディスクの制御が可能です。

■ NFS、CIFSなどのファイルシステムとの違い

IP-SANで構築したストレージシステムは、NFSやCIFSといったファイルシステムによるNASとは大きく異なります。NFSやCIFSなどはファイル単位で操作するのに対して、IP-SANで構築したストレージシステムには、SCSIコマンドによるDISKのリード・ライト処理が使えるというメリットがあります。

Fig.9-02

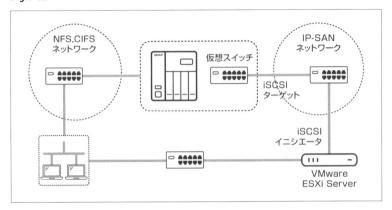

さらにオプションの高速ネットワークインターフェースカード10GbEを使えば、スループットとIOPS（I/O per Second）を向上させることができます。

9-2-2　iSCSIの基本構成

iSCSIの各部の名称は以下の通りです。

- iSCSIターゲット

iSCSIの接続先となるサーバのことをiSCSIターゲットと呼びます。ターゲット側にIQNを設定しておく必要があります。

- IQN(iSCSI Qualified Name)

IQNは一意なiSCSIターゲット名です。ネットワークのMACアドレス的な扱いで、iSCSIターゲットを識別します。

- iSCSIイニシエータ

iSCSIの接続元となるクライアントのことをiSCSIイニシエータと呼びます。iSCSIのディスクをマウントして利用するクライアント側のことです。例えば、Linuxのmountコマンドを利用して、iSCSIのディスクをマウントすることで利用可能となります。

Fig.9-03

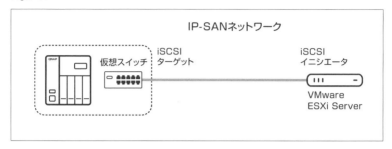

9-2-3　QNAP NASでのiSCSIストレージの設定

①ストレージマネージャ

QNAP NASでiSCSIのストレージを設定します。「ストレージマネージャ」から、「iSCSIストレージ」を選択し、「作成」ボタンをクリックすることで、設定が開始されます。

Pic.9-01

②iSCSIコンフィギュレーション

iSCSIコンフィギュレーションでは、「LUNマッピングされているiSCSIターゲット」、「iSCSIターゲットのみ」、「iSCSI LUNのみ」という3つの選択がありますが、デフォルトの「LUNマッピングされているiSCSIターゲット」を選択してください（**Pic.9-02**）。確認の画面（**Pic.9-03**）が表示される

ので、「次へ」ボタンをクリックして進めてください。

Pic.9-02

Pic.9-03

③ターゲット名の入力

ターゲット名とターゲットエイリアス名を入力してください。また、複数のイニシエータからの接続を有効にしてください。

Pic.9-04

④CHAP認証設定

CHAP認証の設定です。ここでは設定は行わず、「次へ」に進めてください。

9-2 iSCSIストレージとしての活用

Pic.9-05

⑤ **iSCSI LUN**

iSCSI LUNとしてストレージプールから領域を割り当てます（**Pic.9-06**）。iSCSI LUNに割り当てるディスクサイズを決定します（**Pic.9-07**）。

Pic.9-06   **Pic.9-07**

⑥ **コンフィギュレーション確認画面**

設定したすべての項目を表示します（**Pic.9-08**）。設定に問題がなければ、「次へ」ボタンを押してください。クイックコンフィギュレーションウィザードの最終画面（**Pic.9-09**）が表示されるので、「完了」ボタンを押してください。

241

Pic.9-08

Pic.9-09

⑦iSCSIターゲットリストの確認

iSCSIストレージ画面に作成されたLUNのストレージが表示されています。また、次項で説明するVMwareからの接続が完了していれば、IPアドレスが表示されます。

Pic.9-10

9-2-4　VMwareからのiSCSIストレージ接続

VMwareのiSCSIイニシエータからQNAP NASをストレージとして利用するための接続設定について解説します。

①iSCSIターゲットの設定

VMwareの「ハードウェア」、「ストレージアダプタ」をクリックして、

9-2 iSCSIストレージとしての活用

iSCSIターゲットの設定画面で、前項で設定したiSCSIターゲット（QNAP NAS）のIPアドレスを入力して接続を行います。

Pic.9-11

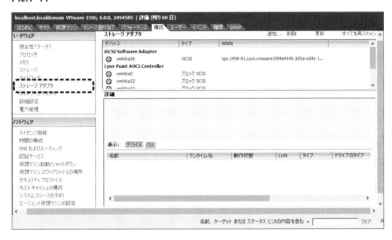

②iSCSIイニシエータのプロパティ

iSCSIイニシエータのプロパティ画面で、「ソフトウェアイニシエータのプロパティ」のステータスが「有効」になっていることを確認してください。もし、無効となっていたら、「有効」にする必要があります。

Pic.9-12

243

③iSCSIターゲット送信サーバの追加

iSCSIイニシエータのプロパティを開いて、「動的検出」タブの「追加」ボタンを押します。「ターゲット送信サーバの追加」が表示されるので、「ISCSIサーバ」のIPアドレスを入力してください。

Pic.9-13

④ストレージアダプタの確認

ストレージアダプタへの接続が成功すれば、以下（**Pic.9-14**）のようなQNAP NASのiSCSIサーバが表示されます。

9-2 iSCSIストレージとしての活用

Pic.9-14

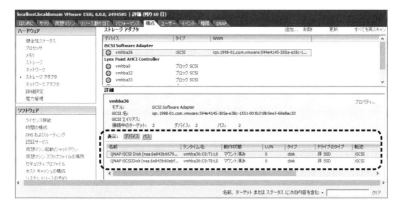

⑤ストレージの追加・選択

VMwareの「ハードウェア」、「ストレージの追加」のメニューからストレージタイプの選択で、「ディスク/LUN」を選択してください（**Pic.9-15**）。すると、QNAP NAS側で公開されているストレージが表示されます（**Pic.9-16**）。ここで、目的のディスクを選択し、ストレージに接続します。

Pic.9-15

245

Pic.9-16

⑥ストレージレイアウトの表示

　ストレージレイアウトの表示画面で、新規ディスクの場合は、未フォーマットのため、パーミッションが自動的に作成されます。「次へ」のボタンを押すことで、ディスクがフォーマットされるのと同時にマウント処理されます。

Pic.9-17

9-2 iSCSIストレージとしての活用

⑦ディスクの準備完了

すべてのiSCSIストレージへの接続処理とディスクのマウント、フォーマット処理が完了したところで、準備完了です。

Pic.9-18

⑧マウントストレージの表示

QNAP NASのストレージが正常にマウントされると以下（Pic.9-19）のように「ストレージ」に接続されたディスクが表示されています。

Pic.9-19

247

Chapter.9 仮想化支援機能とiSCSIストレージ機能

9-3 Virtualization Station の環境構築

　QNAP NASには、仮想化技術のプラットホームとして、Virtualization Station が提供されています。仮想化システムをフル活用することで、小規模なシステム構成でWindows ServerやLinuxシステムなどのサーバシステムをQNAP NAS上に仮想サーバとして構築できます。

　Virtualization Stationの活用で、QNAP NASの応用範囲が単なるファイルサーバのNASシステムから自社内におけるプライベート的なクラウドシステムの世界へと大きく広げられます。

　Virtualization Stationのシステム構築は、最初にネットワーク設定、仮想スイッチ、Virtualization Stationのインストールの順序で設定してください。仮想化システムの環境構築は、順序通りの設定を進めることをお勧めします。慣れない初期段階では、設定で悩んだり失敗したりすることが多いかも知れません。慣れるまでは、何度でも最初からやり直して、Virtualization Stationの複雑な機能を習得することが重要です。

9-3-1　Virtualization Station のインストール

①仮想サーバのインストール準備

　インストールの準備作業として、最初にネットワーク環境を決定します。特に仮想スイッチのIPアドレスの設定は、DHCPによる動的IPは避けて、静的IPにしてください。後日仮想マシンとネットワーク設定でDHCPサーバとの混乱や衝突といった問題が発生する恐れがあります。

　Virtualization Stationのインストール準備作業として、最初に仮想スイッチの設定を行うことをお勧めします。もちろんVirtualization Stationをインストールしたあとからでも仮想スイッチの設定は可能ですが、それではシステム全体の整合性が悪くなります。

9-3 Virtualization Stationの環境構築

Fig.9-04

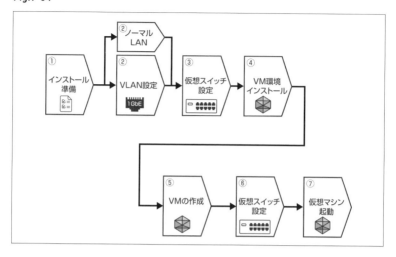

②LANアダプタおよびVLANの設定

　最初にLANアダプタの設定から始めます。一般的なネットワーク環境の場合は、ノーマルLANのネットワーク構成として、特に意識することなく、次の仮想スイッチの設定を行ってください。VLANネットワーク構成でセットアップを進める場合は、ここで最初に設定する必要があります。VLAN IDの設定については、Chapter.8でも解説したように、あとから設定できません。VLANネットワークの構築に失敗するとQNAP NASのすべてのネットワークが繋がらなくなってしまう恐れもあります。そのような事態が発生したときは、VLAN IDの初期化方法についても事前に準備しておくことも必要です。

Chapter.9 仮想化支援機能とiSCSIストレージ機能

Pic.9-20

③仮想スイッチの追加

仮想スイッチの追加を行います。仮想スイッチは「追加」(Pic.9-21)のボタンを押して進めてください。仮想スイッチのモードは、「詳細モード」(Pic.9-22)を選んでください。

Pic.9-21　仮想スイッチの設定画面　　Pic.9-22

 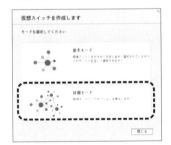

④仮想スイッチの設定

ここで、仮想スイッチを作成するLANアダプタを選択します(Pic.9-23)。物理アダプタを選択し、静的IPアドレスを割り当てます(Pic.9-24)。デフォルトでは、DHCPクライアントとなっていますが、静的IPアドレスを指定することをお勧めします。

9-3 Virtualization Stationの環境構築

Pic.9-23

Pic.9-24

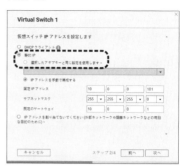

⑤**仮想化環境のインストール**

　ネットワーク環境の構築が完了した段階で、仮想マシン環境（Virtualization Station）をインストールします。QNAP NASには、仮想マシンのプラットホームとして、「Virtualization Station」が提供されていますので、QTSのApp Centerから「Virtualization Statin」を選択し、インストール作業を開始してください。

Pic.9-25

251

9-3-2　Virtualization Stationの概要

Virtualization Stationを起動するとVirtualization Station 3の概要(**Pic.9-26**)が表示されます。この画面が仮想マシンに関連したすべての機能を制御するコントロールパネルとなっています。この画面から新規で仮想マシンを作成したり、停止したり、バックアップなどの基本的な操作が可能です。画面構成を見るとまるで、クラウドサービスを利用しているような錯覚に陥るほどの完成度の高さと操作性の優れた画面構成に圧倒されます。

左側のコマンドリストがあり、上から順に「VMリスト」、「アカウント管理」、「VMのバックアップと復旧」、「環境設定」、「ログ」となっています。

Pic.9-26

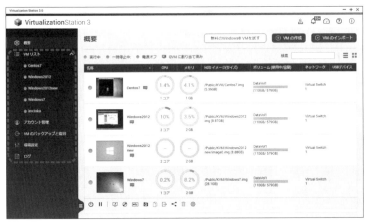

■ VMリスト

現在登録されているすべての仮想マシンが表示されます。仮想マシンが稼働中であれば、画面のようにCPUおよびメモリの使用率をグラフで表示します。また、仮想マシンのステータスとして、実行中、一時停止中といった状態をリストの色で表現しています。仮想マシン名をクリックすれば、仮想マシンの設定ページを開けます。

9-3 Virtualization Stationの環境構築

Pic.9-27

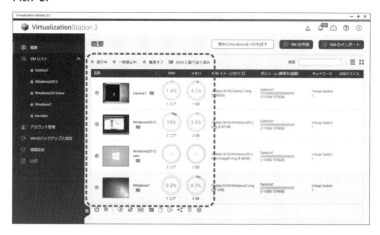

■ アカウント管理

仮想マシンのアカウントを作成し、ユーザごとあるいは仮想マシンごとにデスクトップ操作や電力管理、スナップショット、仮想マシンなどの権限設定を操作できます。

Pic.9-28

□ 仮想マシンのアカウントでログインする

作成した仮想マシンのアカウントでログインするには、「環境設定」で設定されているIPアドレスとポート番号でログインします。デフォルト

値は、httpの場合「8088」、SSLの場合だと「8089」です。

Pic.9-29

※QTSのデスクトップ画面とは異なりますので注意してください。

□ user01で仮想マシンにログイン

設定例(Pic.9-28)のuser01でログインした場合のVirtualization Stationの画面表示です。admin権限とは違って、CentOS7のみが表示されています(Pic.9-30)。

Pic.9-30

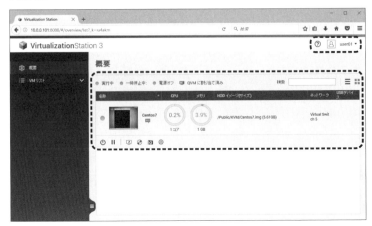

9-3 Virtualization Stationの環境構築

□ アカウント管理と制御機能

アカウント管理で作成されたユーザからアクセスすると、適正な権限設定が有効に働いていることが確認できます(Pic.9-31)。以下の設定例では、「user01」に対するアカウントは、仮想マシン「Centos7」へのコントロールおよび電源、スナップショットなどの操作が可能となっています。そのほかの仮想マシンへのアクセス権は与えられていません。

Pic.9-31

■ VMのバックアップと復旧

仮想マシンのバックアップを作成したり、仮想マシンを復元したりできます。稼働中の仮想マシンに対してもバックアップを取得することが可能です。

Pic.9-32

□ VMのバックアップタスクの編集

仮想マシンのバックアップタスクの編集操作ができます。保管場所とスケジュール、保持回数などの設定ができます。

Pic.9-33

バックアップタスクの編集 ×

タスク名:	Backup_1
説明 (optional):	
場所:	/data/Centos7_backup
スケジュール:	
保持 (optional):	2-64　　　　バックアップ

OK　　キャンセル

□ VMのバックアップスケジュール管理

　VMのバックアップスケジュールについては、指定時刻、毎日、毎週、毎月といったタイミングでの自動バックアップスケジュールを指定できます。

Pic.9-34

スケジュール ×

⦿ なし
○ 毎日
○ 毎週　　月曜日
○ 毎月　　01
○ 繰り返し間隔　　1　　　　　　Hour(s)

開始時間　　16　 : 37

OK　　キャンセル

■ 環境設定

　ウェブサービスポート (HTTP/HTTPS)、リモート NAS の機密情報と表示言語を設定します。ポート設定では、仮想マシンにログイン可能なポート番号を設定してください。通常はデフォルト値のままで問題ありません。

9-3 Virtualization Stationの環境構築

Pic.9-35

■ ログ

すべての仮想マシンの操作記録です。ユーザごとに操作された仮想マシンの状況が記録されています。セキュリティログとしての機能も有効です。

9-3-3　VM (Virtual Machine) の作成

①VMの作成開始

Virtualization Stationが正常にインストールできたところで、次にVMを新規に作成します。ここで、「VMの作成」をクリックすることで、新しくVMを作成できます。

Pic.9-36

②VMの作成

「VMの作成」では、仮想マシンの「VM名」、「OSの種類」、「CPUコア」、「CDイメージ」、「HDD場所」、「ディスクサイズ」、「説明」、「バージョン」(OSのバージョン)、「メモリ」をそれぞれ設定します(**Pic.9-37**)。さらに詳細設定として、ネットワークのLANアダプタの選択(ここでは、仮想スイッチの番号)、VNCパスワードの設定を行います(**Pic.9-38**)。

257

Pic.9-37

VM の作成

Configure the virtual machine based on your specific needs and preferences. You can even assign it to QVM and specify a remote access password.

VM 名		説明 (optional)
OS の種類	Generic	バージョン Generic
CPU コア	1	メモリ 1 GB
		256MB 1GB 4GB 16GB 23.50B
CD イメージ		
HDD 場所	● Create new Image ○ ファイルを選択してください。	
	250 GB	
	1GB 512GB 1TB 2TB 14TB	

詳細設定>>

OK　　キャンセル

Pic.9-38

詳細設定>>

ネットワーク

接続先　Virtual Switch 1 (10.0.0.101 / 管理アダプター1) ▼

その他

☐ VNC パスワードの作成

VNC パスワード　　　　　　　　　　　　　　(a-z, A-Z, 0-9, _, -,)

パスワードの確認

□ 「説明」の活用

VMの作成で意外に重要な操作が「説明」の活用です。オプションの項目なので、必ずしも記載する必要はありませんが、VMの設定内容や概要などの記録ができます。例えば、インストールした仮想マシンのOSのバージョンや利用目的、機能やパスワードなど、仮想マシンに関する情報を記録できます。

③再度の仮想スイッチの設定

VMの作成が完了したところで、今度は再度仮想スイッチの設定を開きます（**Pic.9-39**）。実はここからの設定が重要です。VMの作成で、重要だったLANアダプタの設定は、デフォルト値がお勧めです（**Pic.9-40**）。これは、VMの作成時に悩みながら設定するよりも、あとからまとめて仮想スイッチの設定画面で確認しながら設定した方が、ネットワーク全体の状態を俯瞰的に確認した上で正しく設定できるからです。

Pic.9-39

Pic.9-40

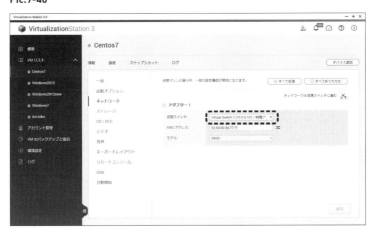

④仮想マシンの起動

仮想スイッチの設定を再確認したところで、いよいよ仮想マシンの起動です。仮想マシンのステータス画面（**Pic.9-41**）が表示されたら、電源ボタンをクリックしてください。仮想マシンが起動します。

Pic.9-41

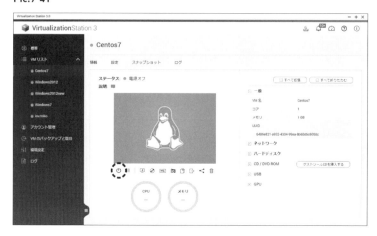

□ **仮想マシンの操作コマンド**

仮想マシンは、ダッシュボードに表示されているコマンドをクリックすることで、操作できます。各コマンドの機能は以下の通りです。

Pic.9-42

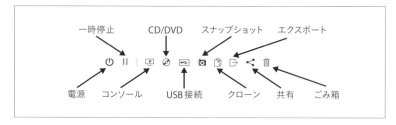

- **電源**

  仮想マシンの電源ON/OFFボタンです。仮想マシンが停止中のときは、電源ONの操作ができます。逆に仮想マシンが稼働中の場合は、電源制御機能として、仮想マシンの「リセット」や「シャットダウン」、「強制シャットダウン」といった操作が可能です。

- **一時停止**

  仮想マシンの一時停止ボタンです。稼働中の仮想マシンを一時的に停止できます。一時停止状態では、仮想マシンの設定を変更できません。必ず、

電源OFF状態にする必要があります。

- **コンソール**

  仮想マシンのコンソールです。Webブラウザ経由でVNCのリモートデスクトップに接続できます。

- **CD/DVD接続**

  外部接続機器として、USB経由でCDやDVDなどの周辺機器を接続できますが、ここではさらにISOファイルによるイメージファイルでの接続もできます。仮想マシンのOSなどのインストールに活用します。

- **USB接続**

  外部接続端子として、USBの周辺機器の接続ができます。USBメモリやDVDドライブなどの接続ができます。

- **スナップショット**

  スナップショットは、仮想サーバのスナップショットが撮れるコマンドです。スナップショットを撮ることで、仮想サーバが稼働中であってもシステムのバックアップができます。

- **クローン**

  仮想マシンのクローンを作成できます。

- **エクスポート**

  仮想マシンのエクスポートを作成できます。エクスポートを作成することで、ほかの仮想化システムへの移行ができます。

- **共有**

  仮想マシンのコンソールを共有して利用できます。

- **ごみ箱**

  仮想マシンのイメージファイルおよび設定ファイルを削除します。

⑤ **Vmコンソール操作**

　仮想マシンのインストール作業および仮想マシンの起動までが完了すると、次に仮想マシンの基本操作が行えます。「コンソール」をクリックすることで、以下の画面（**Pic.9-43**）がWebブラウザ上に表示され、仮想マシンの基本操作はすべてこのコンソールを使って行います。仮想マシンのコンソールは、VNCによるリモートデスクトップが表示されます。

Pic.9-43

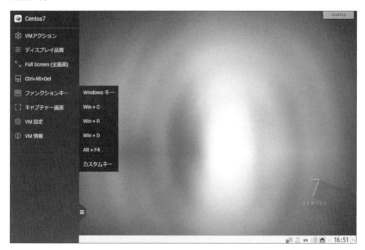

⑥キーボードレイアウトの言語設定

コンソールの設定に続いて、キーボードレイアウトの言語についても設定してください。デフォルト値は、English(US)モードになっていますので、キーボードレイアウトの言語設定が必要です。日本語のキーボードを使っている場合は、「Japanese」に変更する必要があります。この設定を見落とすとコンソール操作におけるキーボード操作が正しく機能しません。

Pic.9-44

⑦仮想マシンの自動起動

　仮想マシンを自動的に起動する設定です。稼働中の仮想マシンは、QNAP NAS本体が電源OFFの状態になった場合でも一時的に停止状態となり、その後QNAP NASが起動した段階で、自動的に仮想マシンを前の状態に戻してくれる便利な設定です。このモードを利用することで、QNAP NASの電源起動と連動した仮想マシンの運用が可能になります。

Pic.9-45

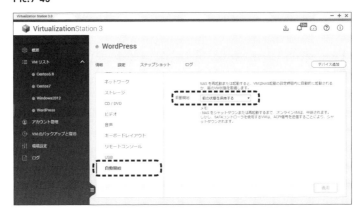

9-4　Windows Server 2012 R2のインストール

　Windows Serverをインストールには、必ずQNAP NASの実装メモリに注意してください。特にWindows Server 2012 R2のメモリサイズは、最小で512MBとの記載がありますが、実際には4GB以上が必要です。著者の経験上では、8GBをお勧めします。そうなると、QNAP NAS側のメモリサイズはそれ以上が必要になります。QNAP NASを仮想サーバのホストOSとして利用するには、最低でも16GB以上のメモリを増設した機種にしましょう。

①VMの作成開始

　「VMの作成」の作成ボタンをクリックして、新規に仮想マシンを作成します。

Pic.9-46

②VMの作成

「VMの作成」画面では、9箇所の項目を入力することで、仮想マシンを作成できます。それぞれの例示入力は以下の通りです。

Pic.9-47

- VM名：Windows2012R2
- OSの種類：Windows
- バージョン：Microsoft Windows Server 2012 R2
- CPU コア：2
- メモリ：2048MB
- CDイメージ：/Public/Win2012.ISO
- HDD場所：/data

- サイズ：50GB
- 詳細設定　ネットワーク：Virtual Switch5(….)

※VMのイメージファイルは、「/data」フォルダに50GBのサイズで作成しています。

③VMリストに新規マシンが表示

新規に作成した仮想マシンがVMリストに掲載されれば準備完了です。ここで、仮想マシンの電源をONにすることで、仮想マシンが起動します。

Pic.9-48

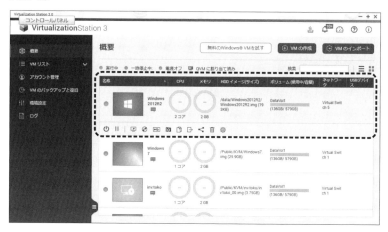

④リモートコンソールの利用

仮想マシンが正常に起動したところで、リモートコンソールボタンをクリックすることで、Webブラウザを使ったリモート接続が可能になります。ここからは、リモート接続によるWindows Serverのインストール作業を開始します。

Pic.9-49

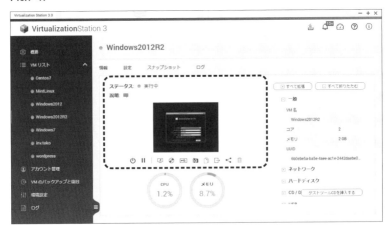

⑤リモートコンソール操作

　Webブラウザから操作可能なリモートコンソールは、左側のウィンドウより操作できます。例えば、ディスプレイ品質の変更やファンクションキー、CTRL+ALT+DELキーの送信コマンドなどが用意されています。

Pic.9-50

9-4 Windows Server 2012 R2のインストール

⑥ CTRL+ALT+DEL送信

インストール作業がすべて完了したところで、Windows Serverへのログイン操作へと移ります。ここで、最初に悩むのがCTRL+ALT+DEL送信操作です。左サイドメニューからVMに対してCTRL+ALT+DELキーを送信してください。

これは、Windows Server独特のキー操作で、ログイン時に必要です。WindowsクライアントでCTRL+ALT+DELを入力すると、パソコンが再起動してしまうため、特別なキー操作コマンドが用意されています。

Pic.9-51

⑦ Windows Serverの初期画面表示

Windows Serverへのログインが成功すると、図のようにWindows Serverの初期画面が表示されます。次にWindows Server用に用意されているドライバソフトをインストールします。VMのサイドメニューから「VM情報」をクリックしてください。

Pic.9-52

⑧ VM情報の表示と設定

以下の画面(**Pic.9-53**)が表示されると「ゲストツールCDを挿入する」というボタンが表示されています。このボタンをクリックすることで、仮想的なCDドライブを仮想マシンにマウントして、ゲストOSに必要な各種デバイスドライバやツール類などのインストールが可能になります。

Pic.9-53

9-4 Windows Server 2012 R2のインストール

⑨ゲストCDを挿入する

「ゲストツールCDを挿入する」というボタンをクリックすると稼働中に仮想マシンに以下のようなポップアップ画面（**Pic.9-54**）が表示されます。

Pic.9-54

⑩Windows ServerにCDドライブが表示

Windows Server画面（**Pic.9-55**）を見てみると、CDドライブがマウントされているのがわかります。ここで、このCDドライブをクリックすることで、デバイスドライバソフトのインストールが始まります。

269

Pic.9-55

⑪インストールソフトの起動

インストールソフトが起動したところで、最初に言語設定を選択してください。

Pic.9-56

⑫ QNAP Guest Tools セットアップ

デバイスドライバソフトの起動画面(Pic.9-57)が表示されます。

9-4 Windows Server 2012 R2のインストール

Pic.9-57

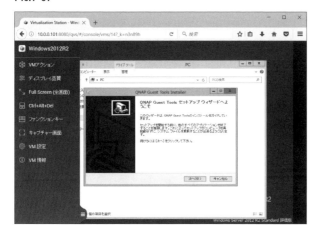

⑬インストールコンポーネントの選択

　ここで、インストールするコンポーネントの選択を行います。必要なドライバを選択して実行してください。

Pic.9-58

⑭インストール作業の完了

　これで、QNAP NASのVirtualization Station機能における仮想マシンのインストール作業が完了しました。

271

Pic.9-59

9-5 Container Stationのインストール

　QNAP Container Stationは、LXCとDockerの軽量仮想化技術が利用可能な仮想化プラットホームです。QNAP NAS上で、複数のLinuxシステムを個々に独立した状態で同時に稼働させられます。しかもVirtualization Stationとは大きく異なるのがリソースの消費です。リソースの消費が極端に少ないことで、独立した複数のLinuxシステムを稼働させられます。さらにDocker Hub Registryからさまざまなアプリケーションをダウンロードして、即時実行することもできます。Dockerアプリケーションには、WordPressやUbuntu、Centos、MySQL、MongoDBなどがあります。

　QNAPのAppセンターより、Container Statinをインストールすることで、各種アプリケーションが利用可能です。

　Container Stationのインストールの手順は、Virtualization Stationと同じように最初にLANアダプタの設定、仮想スイッチの手順でインストールすることをお勧めします。

　図（**Fig.9-05**）の①から③までの手順は、Virtualization Stationと同じです。前節を参考に設定してください。

Fig.9-05

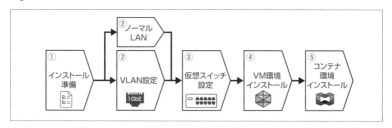

①Container Stationのインストール

仮想スイッチまでの設定が完了していれば、Container Stationのインストールが可能です。QNAP NASには、仮想マシンのプラットホームとして、「Container Station」が提供されていますので、QTSのApp Centerから「Container Station」を選択し、インストール作業を開始してください。

Pic.9-60

②LANアダプタの確認

Container Stationをインストールしたあとで、実際に割り当てられているネットワーク環境を確認してください。Container Stationをインストールすると自動的に本体ネットワークからNAT接続されていることがわかります。

Pic.9-61

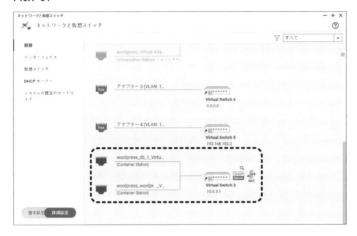

9-5-1　WordPressのインストール

具体的なアプリケーションとして、Docker版のWordPressをインストールしてみましょう。Container Stationの「コンテナ作成」画面から「WordPress」の「作成」ボタンを押してください（**Pic.9-62**）。

Pic.9-62

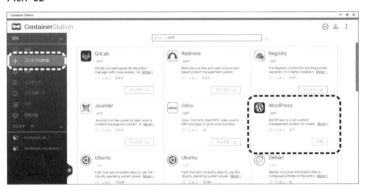

9-5 Container Stationのインストール

WordPressがインストールされたコンテナが以下です。

Pic.9-63

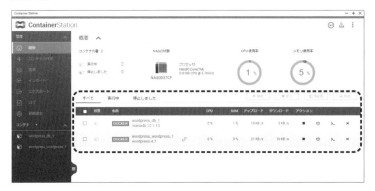

■ コンテナ型WordPressの起動

Container Stationの実行ボタンをクリックするとWordPressが表示されます。注目すべきポイントは、すでにWordPressが実行中で、IPアドレスがQNAP NASの本体IPアドレスとポート番号10084で構成されていることがわかります。

Pic.9-64

275

索引

記号数字

\	158
2方向同期	173

A,B,C

Access Control List	2
ACL	2
Active Directory	3
ACアダプタ	84
AD	3
admin	105
administrators	105
Amazon AWSへのバックアップ	181
Amazon S3	164, 180
Android	131
App Center	68
AWS	180
BCP対策	180
Container Station	13, 236, 272
LANアダプタの確認	273
Linuxシステム	272
WordPress	274
インストール	273
リソースの消費	272
Copy-On-Write	178

D,E,F,G,H

DDR3 SDRAM-DIMM	33
DDR3 SDRAM-S.O.DIMM	33
DDR4 SDRAM-DIMM	34
DDR4 SDRAM-S.O.DIMM	33
DHCPサーバ	218
システムの既定のゲートウェイ	220
別のサブネットのDHCPを有効にする	219
DHCPサーバ情報	218
DHCPサーバの追加	218

DHCPネットワーク	88
DNSサーバ	209
セカンダリ	209
パブリックサービス	209
プライマリ	209
Docker	236, 272
Dockerコンテナ技術	236
everyone	105
Ext4	3
External Backup	164
File Station	135, 159
Fourth Extended File System	3
Gigabit Ethernet	204
Group	105
Hyper-V	235

I,K,L

IEEE 802.3ad仕様	205
IEI Integration	11
Internet Small Computer System Interface	2
iPhone	128
IP-SAN	237
NFS、CIFSなどのファイルシステムとの違い	237
IPv6	213
AFP	213
CIFS/SMB	213
FTP	213
iSCSI	213
NFS	213
iSCSI	2, 238
IQN	238
iSCSIイニシエータ	238
iSCSIターゲット	238
iSCSI DISK	236
iSCSIストレージサーバ機能	235
iSCSIモード	179
ISO共有フォルダ	107
KVM	236
KVM仮想化基盤技術	236
L2TP	224

277

Windows10のL2TP設定	231
スマートフォンのL2TP設定	231
LACP	204
LANアダプタの状態	208
LAN間接続	221
LANポート	27
LDAP認証	2
Logical Unit Number	4
LUN	4
LUNバックアップ	163, 179
Linux共有（NFS）	179
共有（SMB/CIFS）	179
LXC	236, 272

M,N

M.2	2
M.2 SSD	2, 25
PCI Expressタイプ	25
PCI Expressの拡張方法	26
SATAタイプ	25
Mac	126
afp	127
smb	127
共有フォルダの表示	128
サーバへ接続	126
myQNAPcloud	47
CloudLink	47
QID	47
アクセス設定	48
モバイル環境からのアクセス	47
NAS	3, 97
管理者パスワード	97
クロスプラットフォームファイル転送サービスの設定	99
ディスクの構成の選択	99
名前	97
日時と時刻の設定	98
ネットワーク設定の構成	98
ボリューム単位で複製	177
マルチメディア機能	100
NAS to NAS	163, 168, 183

索引

宛先フォルダの指定	186
暗号機能	187
オプション	187
最大転送速度	187
通信のポート番号の変更	187
バックアップ周期	187
ファイル圧縮	187
ファイルレプリケーション機能	168
リモートサーバの設定	185
レプリケーションジョブのリスト表示	189
Network & Virtual Switch	206
Network Attached Storage	3

Q

Qfile	129, 131
NASの追加	129, 131
インストール	129, 131
ディレクトリの表示	130, 132
Qfinder	95
QNAP	11
2段階認証機能	41
HTTPS	40
Rsync	40
RTRR	40
SFTP	40
SSHによる暗号化	40
SSLによる暗号化	40
暗号化アクセス	40
暗号通信機能	40
暗号通信プロトコル	40
暗号モジュール	39
インストール	74, 96
再起動時におけるディスクのロック状態	40
サポート	11
ディスク暗号機能	39
ラインナップ	12
QNAP NAS	12
CHAP認証設定	240
File Station	45
iSCSI	46

279

iSCSI LUN 241
iSCSI LUNのみ 239
iSCSIコンフィギュレーション 239
iSCSIストレージの設定 239
iSCSIターゲットのみ 239
iSCSIターゲットリストの確認 242
LUNマッピングされているiSCSIターゲット 239
Qtier 12
VAAI for iSCSI 46
VAAI for NAS 46
Windows ACL 45
階層化ストレージ 12
仮想化技術のプラットホーム 248
仮想サーバ設定 228
仮想マシン 13
高度なフォルダ権限 45
コンフィギュレーション確認 241
自動階層化 12
ダッシュボード・リソースモニタ 48
搭載可能な各種メモリ 32
ネットワーク概念図 226
ネットワーク設定 226
ネットワークトラフィック分散 13
フォルダの詳細権限 45
ポートトランキング 13
QNAP社 10
QNAPの製品 16
10GbEthernet対応 27
19インチラックマウントサイズ 17
1U 17
2.5/3.5インチドライブ・ベイ混在 23
2ドライブ・ベイ型 21
4ドライブ・ベイ型 22
6ドライブ・ベイ型 22
8ドライブ・ベイ型以上 23
M.2 SSDスロット対応 24
SASドライブ対応 28
SOHOミニタワー型 19
Thunderbolt対応 27
型番 20
角穴タイプ 17

索引

静音性	19
専用レールキット	18
タワー型	19
ホームユース型	20
ユニバーサルピッチ	17
ラックマウント型	16
Qsirch	68
PDFプレビュー表示	70
アクセス権設定	69
稼働環境	71
サムネイル表示機能	69
フィルター機能	69
フォルダ除外機能	69
Qtier	24
QTS	36
AFS	38, 62
Appleネットワーク	38, 62
Bonjour	65
DDNSサービス設定	61
FTPサービス	66
FTPサービスの詳細設定	66
Google Authentication	41
Microsoftネットワーク	38, 61
NASの再初期化	56
NFSサービス	39, 63
Proxy設定	60
QNAP NASへの接続許可	52
SMB	38, 61
SNMP	64
SSH	63
SSL証明書の管理	52
Telnet	63
UPnP	64
一般設定	50
ウェイク・オン・ラン(WOL)	53
オーディオ・アラートの設定	52
外部デバイス	57
管理者設定	41
拒否IPアドレスの登録	52
工場出荷初期値の復元とボリュームのフォーマット	56
工場出荷設定	55

281

コントロール・パネル	49
コンフィギュレーション設定	52
サービス検出	64
サービスバインディング	59
時刻の設定	50
システム・ステータス	57
システム設定	55
システムログ	58
ストレージマネージャ	51
セキュリティ	52
セキュリティ機能	39
設定のバックアップ / 復元	56
設定リセット	56
ゼロコンフィギュレーション・ネットワーク	65
通知機能	54
デスクトップ	102
電源	53
電源スケジュール	53
電源復旧	53
ネットワークアクセス保護	52
ネットワークごみ箱	67
ネットワークサービス設定	59
ハードウェア	52
パスワードポリシ	52
パフォーマンス情報を取得	64
ファームウェア更新	55
不正アクセスブロック制御	52
ログイン	102
QTS デスクトップ	36, 102
myQNAPcloud	37
Qfinder Pro	37
QNAP ユーティリティ	37
オプション	37
外部デバイス	37
管理者権限	102
言語設定	37
検索	37
その他	37
ダッシュボード	37
タブモード	37
通知とアラート	37

デスクトップページ切り替え	37
デスクトップ領域	37
ネットワークごみ箱	37
バックグランドタスク	37
フィードバック	37
フレームモード	37
ヘルプ依頼	37
メインメニュー	37
quota	3

R,S,T,U

RAID	3, 77
ディスク容量計算	82
RAID0	77
RAID1	78
RAID10	81
RAID5	79
障害対策	79
ホットスペア	79
RAID6	80
Rsync	163
Rsync サーバ	163, 164, 183
Rsync サーバの設定	165
Rsync の設定	172
RTRR	163
RTRR サーバ	163, 165
RTRR サーバの拡張機能	176
RTRR サーバの設定	166
RTRR のオプション設定	174
1方向同期	175
2方向同期	175
スケジュール	175
同期化する場所の選択	176
バージョン管理機能	176
リアルタイム	175
レプリケーションオプション	175
RTRRレプリケーション	173
削除も同期処理	174
データ転送方向	174
同期タイミング	174

同期モード	174
SAN	237
SAS	3
SATA	3
SMB (Server Message Block)	3
SMB (Small and Medium Business)	3
Snapshot	190
Snapshot Replica	163, 177, 190, 194
ストレージマネージャ	195
バックアップサーバへの接続	197
バックアップマネージャ	194
復元処理	178
リモートサイト設定	196
リモートサイトの領域不足	197
レプリケーションジョブの作成	195
レプリケーションジョブリストの表示	197
Snapshot Replicaの設定	177
Snapshot Vault	191, 198
設定	198
ファイルの復元先の指定	200
ファイルの復元操作	199
復元処理の実行	201
SSD	3
Thick Provisioning	2
Thin Provisioning	2
Thunderbolt	2
Time Machine	163
Time Machineサーバの設定	167
Time Machineのサポートを有効にする	167
Turbo NAS	28
UPS	84
USBバックアップ	182
NTFSでフォーマット	182
user	105

V

Virtual LAN	2, 205
Virtualization Station	13, 236, 248, 252
CD/DVD接続	261
CPUおよびメモリの使用率	252

索引

DHCP	248
LANアダプタの設定	249
USB接続	261
VLAN IDの初期化方法	249
VLANの設定	249
Vmコンソール操作	261
VMの作成	257
VMリスト	252
VNCによるリモートデスクトップ	261
アカウント管理	253
アカウント管理と制御機能	255
一時停止	260
一時停止中	252
イメージファイルでの接続	261
インストール	248
エクスポート	261
外部接続機器	261
仮想化環境のインストール	251
仮想スイッチの設定	250, 258
仮想マシンのアカウントでログイン	253
仮想マシンの起動	259
仮想マシンの自動起動	263
仮想マシンのステータス	252
仮想マシンの設定	252
仮想マシンの操作コマンド	260
環境設定	253, 256
キーボードレイアウトの言語設定	262
強制シャットダウン	260
共有	261
クローン	261
権限設定	253
コマンドリスト	252
ごみ箱	261
コンソール	261
実行中	252
シャットダウン	260
詳細モード	250
スナップショット	253, 261
静的IP	248
説明の活用	258
デスクトップ操作	253

285

電源	260
電力管理	253
バックアップスケジュール管理	256
バックアップタスクの編集	255
バックアップと復旧	255
表示言語	256
ポート設定	256
保管場所	255
保持回数	255
リセット	260
リモートNASの機密情報	256
ログ	257
VLAN	2, 205
IPv4やIPv6の設定	206
通信デバイスとの統合的な管理	206
ネットワーク設定をリセット	206
VLAN ID	205
VLANグループ定義	205
VLANの注意事項	205
Vmware	235
iSCSIイニシエータのプロパティ	243
iSCSIストレージ	242
iSCSIターゲット送信サーバの追加	244
iSCSIターゲットの設定	242
ストレージアダプタの確認	244
ストレージの追加・選択	245
ストレージレイアウトの表示	246
ディスク/LUN	245
マウントストレージの表示	247
VMware OVF	236
VMware対応	235
VPN	221
L2TP	224
通信プロトコル	224
ネットワーク設定例	223
VPNネットワークの設計	221
VPNルータ	224
LAN間接続	225
リモート接続	224
ルーティング設定の一覧	226
vSphere 5 VAAI	236

W,Z

Webブラウザ	133
QNAP NASにログイン	133
Windows ACL	2
Windows ACL サポートを有効にする	109
Windows AD	44, 138
DNSサーバの設定	140, 146
DNSドメイン名	139
IPアドレス指定で直接アクセス	151
nslookupコマンド	145
TCP/IPv4	146
TCP/IPv6	146
WebブラウザからIPアドレス入力	158
Windowsエクスプローラからのアクセス	154
アクセスが拒否された	153
アクセス権の付与	144
アクティブなディレクトリウィザード	139
エラー原因解析	145
管理者パスワード	141
共有フォルダ権限の編集	143
共有フォルダの表示	152
クイックコンフィギュレーションウィザード	138
コンピュータ名、ドメインおよびワークグループの設定	147
サインイン	150
システムのプロパティ	148
設定の変更	147
登録確認	142
ドメインコントローラ	140
ドメインへの参加	142, 147
ドメインへの認証	149
ドメイン名の入力	148
ドメインユーザ	144
ネットワーク資格情報の入力	157
ネットワークドライブのフォルダ指定	155
ネットワークドライブの割り当て	155
別の資格情報を使用して接続する	156
ユーザの追加	144
優先DNSサーバの設定	147
ローカルユーザ	144
Windows Server	138

287

data	138
IP address	138
root.local	138
test	138
user01	138
共有フォルダ	138
時刻同期	138
ドメイン名	138
ユーザ名	138
Windows Server 2012 R2	263
Windows Server（仮想マシン）	263
CTRL+ALT+DEL	267
QNAP Guest Tools セットアップ	270
VMの作成	263
VMリスト	265
インストール	263
インストールコンポーネント	271
インストールソフトの起動	270
ゲストツールCDを挿入する	268
初期画面	267
独特のキー操作	267
ドライバを選択	271
リモートコンソール	265
Windows Serverとの連携	138
Windows環境からのアクセス制御	110
Windowsネットワークにログイン	125
Windowsファイルシステムとの互換性を重視	109
ZFS	2

あ行

アクセス権の設定	104
アクセス制御	44
アクセス制御リスト	2
アクティブディレクトリ	3
アプリケーション特権の編集	118
暗号カプセル技術	222
安全なシャットダウン	87
インターフェース	208
アダプタ1	208
アダプタ2	208

アダプタ3	209
アダプタ4	209
エブリワン・ユーザグループ	105
大型電源	83
オブジェクトストレージサービス	4
オンプレミス	6
BCP対策	9
デメリット	7
メリット	7

か行

階層型ディスクアレイ	24
回転振動センサー	75
外部ドライブ	164
外部ドライブへのバックアップ	182
各種ネットワークリソースを最適化	214
拡張属性	170
仮想化技術	32
必要なメモリ容量	32
仮想化基盤技術	236
仮想化システム	234
仮想サーバ設定	228
Ifconfig	229
IPアドレスの確認	229
仮想サーバへのネットワーク接続	213
仮想スイッチ	28, 206, 213
DHCPサーバを有効にする	215
NATを有効にする	215
オプション	215
外部モードの確認	217
外部モードの設定	216
コンテナシステム	214
詳細モード	214
仮想スイッチの設定	214
静的IPアドレス	214
仮想スイッチの追加	214
仮想的なネットワークグループ	205
仮想的なボリューム設定	92
カプセル化	222
管理者	105

289

管理者が作成したグループ	105
管理者グループ	105
キットタイプ	74
キャッシュ加速	3, 93
RAM 要件	94
キャッシュ容量	94
強制シャットダウン	86
共有されたフォルダ権限	118
共有ディレクトリの作成	120
共有フォルダ	104
共有フォルダ権限の編集	108, 122, 123
更新	123
プロパティの編集	123
共有フォルダの作成	107, 121
共有フォルダの作成と詳細設定	108
共有フォルダの設定	107
クォータ	3
クォータの設定	112
クライアント環境からのアクセス	124
Mac	126
Windows	124
クライアントの負荷を分散	204
クラウドサービス	4
デメリット	5
メリット	5
クラウドストレージ	4
コスト	8
利便性	8
グループ	105
グループ管理	104
グループ機能	105
高度な許可設定	109
小型電源	84
コンソール機能	235

さ行

システムリセット	88
シック・プロビジョニング	2, 91
シャットダウン	86
シャットダウン・メニュー	87

集約フォルダの表示	111
出荷時のデフォルト IP アドレス	89
主ファイルサーバ	190
主ファイルサーバによる正常時の運用	29
主ファイルサーバの故障発生時の対応	30
ハードウェア交換による復旧	31
バックアップサーバに切り替える	30
冗長電源	82
シン・プロビジョニング	2, 92
シンプル・ボリューム	91
スケジュールモード	173
最小時間	173
ストライピング方式	77
ストレージプール	4, 90
ストレージ領域	4, 90
スナップショット	4, 191
スケジュール	191
スケジュール設定	192
スナップショットマネージャ	191
スナップショットを撮る	191
スマートスナップショットを有効にする	192
保存期間	192
メカニズム	178
スナップショット共有フォルダ	107
スナップショットマネージャ	193
一覧ビュー	193
一覧表示	193
クローン	193
検索	193
削除	193
タイムライン表示	193
ダウンロード	193
開く	193
復元	193
正弦波	86

た行

対象読者	2
ダブルパリティ付きストライピング方式	80
短形波	86

中型電源	84
抽象ドライバー	236
長期世代管理	176
定期的なスケジュールに基づくデータ同期処理	173
ディスクアレイ	77
ディスクドライブ	74
準備	76
選定基準	75
装着	76
特徴	74
ビス止めタイプ	76
ブラケットタイプ	76
データの複製をほかのNASに転送	177
デフォルトIPアドレス	89
デフォルトディレクトリ	121
home	121
homes	121
Public	121
Web	121
デフォルトの管理者グループ	105
デフォルトのユーザグループ	105
電源	82
電源OFF	86
特権	104
ドメインコントローラ	113
設定	114
バックアップ周期	114
リストア	114
ドメインのセキュリテイ	112
Active Directory認証	113
LDAP認証	113
ローカルユーザのみ	113
ドライブ・ベイ	20
トンネリング	222
トンネルモード	222

▌な行

ネットワークUPSサポート	85
ネットワークアタッチトストレージ	3
ネットワークアダプタ	204

索引

ネットワークアダプタの増設	204
ネットワーク機能	204
ネットワークケーブルの直接接続	89
ネットワークごみ箱の有無	108
ネットワーク資格情報の入力	125
ネットワークストレージ	4
ネットワーク設定	88
固定IPアドレス環境	89
ネットワーク帯域幅	204
ネットワーク対応	27
ネットワークと仮想スイッチ	207
DHCPサーバ	207
IPアドレスの設定	207
IPアドレスの割当	207
LANアダプタの設定	207
VLAN IDの設定	207
VPNなどの接続を優先する	208
インターフェース	207
概要	207
仮想スイッチ	207
基本設定	207
システム規定のゲートウェイ	208
ポートトランキング	207
ネットワークドライブにログイン	125

は行

ハードウェア故障による対応	29
ハイパーバイザー	235
パスワード	118
バックアップ	162
バックアップサーバ	163, 191
バックアップ周期	171
繰り返し実行	171
バックアップマネージャ	163
バックスラッシュ	158
パリティ	79
パリティ付きストライピング方式	79
ファイル共有	116
ファイルレベルのバックアップ	172
フェイルオーバー機能	204

293

フォルダ集約	111
フォルダの暗号機能の設定	108
ポートトランキング	204, 210
Active-Backup	212
ARP ネゴシエーション	212
Balance-alb	212
Balance-tlb	212
LACP	210
NAS直結接続	210
VJBOD	210
一般スイッチ	210
管理対象スイッチ接続	210
受信トラフィック	212
ストレート接続	210
設定モード	211
送信トラフィック	212
耐障害性	210
追加	210
フェイルオーバー	210, 212
負荷分散	212
ホットスペア	3
ホットプラグ	83
ボリューム	4, 90

ま・や行

マルウェア	3, 42
ミラーリング	3
ミラーリング方式	78
無線 LAN ルータ	89
無停電電源装置	84
ユーザ	105
ユーザ管理	104
ユーザグループ	118
ユーザグループの作成	106, 119
ユーザグループの編集	106
ユーザディレクトリ	119
ユーザとグループの関係	104
ユーザとグループの選択	124
Deny	124
RO	124

RW	124
読み書き可能な権限	124
ユーザの作成	105
ユーザのホームディレクトリ	119
ユーザの割当	119
ユーザ名	118

ら行

ランサムウェア	3, 42
対策	42
被害	42
リアルタイムデータの同期処理	173
リアルタイムモード	173
リセットボタン	87, 206
リモートフォルダの表示	111
リモートレプリケーション	163
レプリケーション	3
レプリケーションジョブ	169
ACLと拡張属性の複製	170
コピーファイルの対象	170
最大転送速度	170
スペースファイルの指定	170
通信の暗号処理	169
ファイル圧縮	169
ファイルの転送速度	170
リモート先の余分なファイル削除	170
論理ストレージ	4
論理ストレージ単位	90

■ プロフィール

井上　正和（いのうえ　まさかず）

某大手電子機器メーカにて、タイムスタンプ事業を立ち上げ、サービスシステムの構築およびソフトウェア開発を担当。e-文書法におけるタイムスタンプサービスの法的根拠性の追求と普及活動の他、ISO国際規格策定委員のエディタを担当。2015年4月にタイムスタンピング機関（TSA）に対する信頼できる時刻源についての技術基準を定義した「ISO/IEC 18014-4: Time-stamping services -- Part 4: Traceability of time sources」の出版を達成。同年9月に情報処理学会より、国際規格開発賞を受賞した。著書に『NetWareによるパソコンLAN』、『図解で知るパソコンLANのしくみ（最新図解シリーズ）』、『まるごと図解最新インターネットセキュリティがわかる』（ともに技術評論社）がある。

株式会社リーンテック
〒101-0052
東京都千代田区神田小川町1-8-3　小川町北ビル　8階
e-mail inquiry@lean-tech.co.jp　**Web** http://www.lean-tech.co.jp

■ カバーデザイン、図版イラスト：佐々木大介
■ 本文デザイン、レイアウト：安達恵美子

QNAP実践活用
ガイドブック
～クラウド時代のネットワークストレージ活用術

2017年11月　2日　　初　版　第1刷発行
2018年　4月19日　　初　版　第4刷発行

著者　　　　井上　正和
発行者　　　片岡　巌
発行所　　　株式会社技術評論社
　　　　　　東京都新宿区市谷左内町21-13
　　　　　　電話 03-3513-6150　販売促進部
　　　　　　　　　03-3513-6180　クロスメディア事業室
印刷／製本　図書印刷株式会社

定価はカバーに表示してあります。

造本には細心の注意を払っておりますが、万一、乱丁（ページの乱れ）や落丁（ページの抜け）がございましたら、小社販売促進部までお送りください。送料小社負担にてお取替えいたします。

本書の一部または全部を著作権法の定める範囲を越え、無断で複写、複製、転載、テープ化、ファイルに落とすことを禁じます。

©2017 株式会社リーンテック

ISBN978-4-7741-9333-5 C3055
Printed in Japan

【ご質問について】
本書の内容に関するご質問は、氏名・連絡先・書籍タイトルと該当箇所を明記の上、下記宛先までFaxまたは書面にてお送りください。弊社ホームページからメールでお問い合わせいただくこともできます。電話によるご質問および本書に記載されている内容以外のご質問には、一切お答えできません。あらかじめご了承ください。
なお、ご質問の際に記入していただいた個人情報は、回答の返信以外の目的には使用いたしません。また、返信後は速やかに削除させていただきます。

【宛先】
〒162-0846
東京都新宿区市谷左内町21-13
株式会社技術評論社　書籍編集部
『QNAP実践活用ガイドブック～クラウド時代のネットワークストレージ活用術』係
FAX：03-3513-6161
URL：http://gihyo.jp/book

訂正・追加情報が生じた場合には、以下のURLにてサポートいたします。
URL：http://gihyo.jp/book/2017/978-4-7741-9333-5/support